中公新書 2314

黒木登志夫著

iPS細胞

不可能を可能にした細胞

中央公論新社刊

序文

一九九六年、私は三年間のアメリカ留学を終え、日本での研究を再開しました。しかし、さまざまな困難の連続で、研究に対する情熱を失いそうになっていました。そんな時、一冊の本が、科学に対する情熱を甦らせてくれました。本屋で偶然に見つけたその本を、私は何度も何度も読み返しました。勤めていた大学に、その本の著者の先生が講義で来られた時、勇気を出してサインをして頂きました。私にとって生涯忘れることのないその本とは中公新書の『がん遺伝子の発見』、著者は本書を書かれた黒木登志夫先生です。

二〇一四年は、ｉＰＳ細胞の臨床応用に向けて、大きな一歩が踏み出された年でした。九月には理化学研究所の高橋政代《たかはしまさよ》先生を中心に、加齢黄斑変性《かれいおうはんへんせい》の患者さんに、患者さん自身のｉＰＳ細胞から作った網膜色素上皮細胞を移植する手術を行いました。ｉＰＳ細胞から作った細胞をヒトに移植したのは世界でも初めてのことで、高橋政代先生は二〇一三年暮れにはイギリス『ネイチャー』誌が選ぶ「二〇一四年に注目すべき五人」に、そして一年後には「二〇一四年の一〇人」の一人に選ばれました。

　今回の移植手術はまだ臨床研究として、安全性を検証している段階です。したがって、実際に多くの患者さんが治療を受けられるようになるまでにはさらに時間が必要ですが、研究は着実に前進しています。また、加齢黄斑変性だけではなく、パーキンソン病や脊《せき》髄《ずい》損傷、心疾患、血液疾患をはじめとする様々な病気についても、iPS細胞を使った再生医療に関する臨床研究の準備がはじめられています。

　再生医療の場面で注目されがちなiPS細胞ですが、もう一つ活躍が期待されている分野があります。それは、薬を作る研究です。患者さんの細胞からiPS細胞を作ると、患者さんの細胞の性質を残したまま数を増やすことができるようになります。上手くいけば、病気の状態をiPS細胞由来の細胞上で、つまり、患者さんの体の中で起こっている現象を体の外に取りだした細胞に再現することができるのです。そうすれば、どのようにして病気を発症するのか、あるいはどういう薬を使えば病気の状態を改善させられるのか、患者さんの体に負担をかけることなく安全に実験することができるようになります。

　二〇一四年には、私が所長を務める京都大学iPS細胞研究所（CiRA＝サイラ）

の妻木範行《つまきのりゆき》先生らのグループが、この方法で、高脂血症の薬として既に使われているスタチンに軟骨無形成症の症状を改善する効果がある可能性を見出しました。近い将来、臨床研究ができるようになることを目指して準備を進めています。このようにiPS細胞の研究には、既に使われている薬や開発の途中で断念してしまった候補物質に新たな効果を見出す可能性があるのです。以上に紹介したような研究は，本書の中で分かりやすく紹介されております。

CiRAではこうした臨床に近い研究だけではなく、iPS細胞の基盤技術を確立し、知的財産を確保することにも取り組んでいます。これによりiPS細胞技術が、世界中で広く使うことができる標準的な技術になることを目指しています。また、二〇〇七年に発表したヒトiPS細胞の樹立方法から様々な改良を加え、今では安全性の高いものになっています。今後は安全性を高めるだけでなく、移植する細胞の遺伝子変化がどの程度であれば安全と判断できるかなど、新たな基準を作っていく必要があります。

現在私たちは、再生医療用iPS細胞ストックを構築しています。そして、二〇二〇年までには日本人のおよそ半分の方に対して、移植しても拒絶反応が少ないiPS細胞を用意し、必要とする研究機関や医療機関に提供できるよう計画を順調に進めています。

東京大学、大阪大学、慶応義塾大学など、ＣｉＲＡ以外の多くの研究機関でもｉＰＳ細胞を使って難病等の治療法を開発し、臨床へと応用することを目指した研究が進められています。ＣｉＲＡは、それらｉＰＳ細胞研究の中核拠点として、様々な研究機関と連携を行い、ｉＰＳ細胞を使った医療の実現に向けて日々励んでいます。

このようにｉＰＳ細胞を使った新しい医療は、着実に現実のものとなりつつあります。しかしそこに寄与しているのは研究者だけではありません。たとえば、研究の進展には、ｉＰＳ細胞などをはじめとした様々な幹細胞とその応用について患者さんや一般の方々にも正確に理解していただくこと、そして研究者の言葉を一般の方々にとって分かりやすい言葉に言い換えることも大変重要になります。

本書はがん細胞の学術研究だけではなく、一般の方々への情報発信も積極的に行ってこられた黒木登志夫先生が、幹細胞研究を牽引する研究者に直接インタビューをされ執筆されています。ｉＰＳ細胞が登場する背景となった核移植、ＥＳ細胞、組織幹細胞の研究から、ｉＰＳ細胞以降に登場した、細胞の運命を直接転換する方法、ヒト卵子への核移植など、最新の幹細胞研究まで、とても分かりやすい文章で記されています。時折、映画やテレビ番組などに登場する多くの方に馴染みのある話題や、研究者のエピソードが織り込まれており、どなたでも楽しく読み進められ、我々の研究内容を身近に感じていただくことができると思います。

ｉＰＳ細胞をはじめとする幹細胞研究の現状について、このような親しみやすい書籍で詳しくご紹介いただいた黒木先生に御礼申し上げます。

二〇一五年一月一三日

山中伸弥

はじめに

二〇〇七年一一月二一日（水）夜一〇時、『報道ステーション』の古舘伊知郎キャスターが、驚いた表情で、「みなさん、今日の朝刊の一面をご覧になりましたか。どの新聞も、同じ見出しなんです」と語り出したのを今でも覚えている。その当時岐阜大学にいた私は、朝日と中日の二紙の一面が同じニュースであったのは知っていたが、読売、毎日、日経も含め、すべての新聞が同じ見出しだったとは気がつかなかった。古舘キャスターは、これはどういうことなのでしょうか、と話し始めた。確かに、その日の朝、全国の人たちは、「人の皮膚から万能細胞」という見出しに一体何が起こったのかと戸惑ったことであろう。銀行出身の岐阜大理事から、これはどういうことなのかと聞かれた私は、あなたの細胞がまだ母親のお腹の中にあった頃に戻ることだ、と説明したのだが、彼はぴんとこない様子だった。誰だって、そんなことを急にいわれても、本当とは思えないであろう。

いくつもの新聞が同じ見出しを使うなんて、考えてみると不思議である。あるいは、京都大学の広報が配布した資料にそのような表現があったのかと思い調べたが、見出しと同じ文

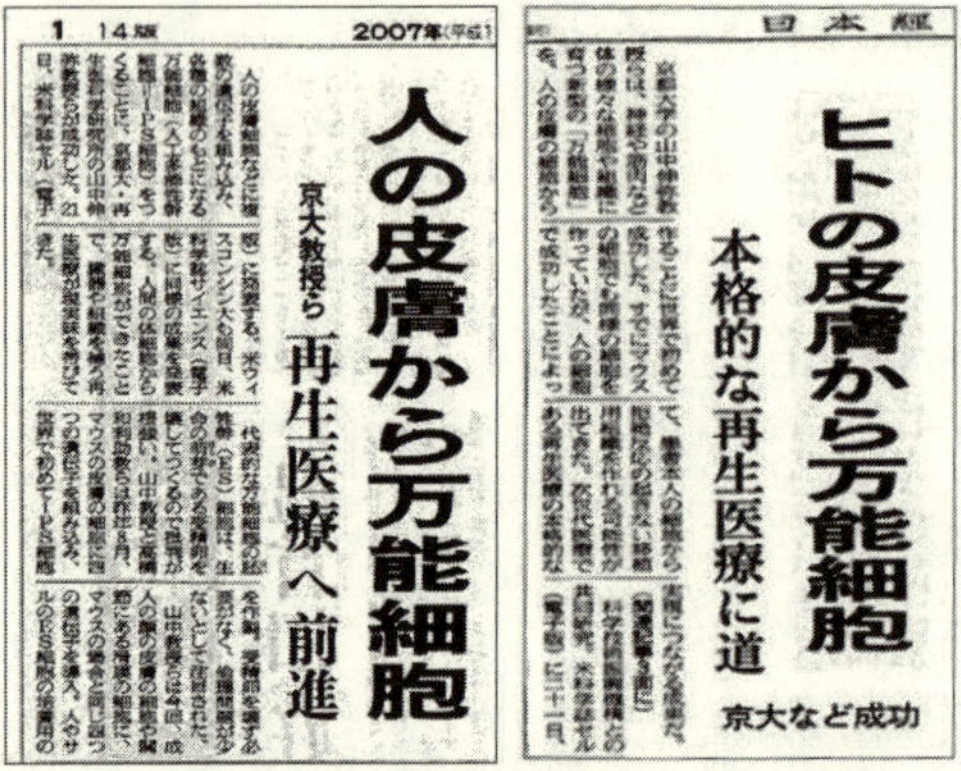
日本経
ヒトの皮膚から万能細胞
本格的な再生医療に道
京大など成功

1　14版　2007年
人の皮膚から万能細胞
京大教授ら　再生医療へ前進

2007年11月21日朝刊１面。朝日新聞（左）と日経新聞

章は使われていなかった。各社の理解が一致し、同じ見出しになったのであろう。京大の広報発表は、後のＳＴＡＰ細胞のそれと比べると、はるかに控えめでありながら、科学的に正確な内容であった。ｉＰＳ細胞のもつインパクトは、メディアによって、最初から正しく理解されたのだ。

それから八年たった今、ｉＰＳ細胞の名前を知らない人はいないであろう。山中伸弥の名前と顔を知らない人もいないであろう。何しろ、テレビの『徹子の部屋』で、黒柳徹子と有馬稲子の（超）熟女二人が、山中さんを「いい男」第一位にあげたほどなのだ（二〇一四年二月六日放映）。

私がこの本で心がけたのは、生命科学としてのｉＰＳ細胞を正確に伝えると同時に、サイエンスの面白さを分かってもらうことであった。ｉＰＳ細胞のようなまったく新しいアイデアが生まれるのには、どういう背景があったのか。どのような実験があればそれを証明できるのか。国際的な競争の中で勝ち抜き、生き残るための作戦。それは、一つの良質なドラマのようでもある。

ポピュラーになったとはいうものの、iPS細胞を正確に理解しようとすると、現在の生命科学の最先端を理解していなければならない。逆に言えば、iPS細胞それ自身が、最先端の生命科学そのものなのである。まず、受精卵からどのように体ができてくるか、その筋書きのあらましを、まるで見てきたかのように、頭に入れておく必要がある。それは、遺伝子の設計図にしたがって、細胞自身が様々な細胞に分化し、一つの細胞社会を作りながら体を完成させていくプロセスである。そのプロセスの中で病気が発生し、最終的には生命体を終結させる。病気を含めて、その過程を実験的に再現できるようにしたところに、iPS細胞のすごさと素晴らしさがある。

幹細胞研究は、その一方で臨床につながっている。二〇一〇年五月八日に行われた京都大学iPS細胞研究所（CiRA《サイラ》）の開所式には、車いすの人がたくさん参加していた。私は、山中が整形外科出身であるのを改めて思い出した。それだけ、iPS細胞に対する患者の期待が大きく、山中自身もそれに応えようとしていることを知った。難病で苦しんでいる人たちは、夢のような治療が可能になるかもしれないという希望をiPS細胞に託しているのだ。病気の成立を探る上でも、iPS細胞は革命的な役割を担いつつある。患者の細胞からiPS細胞を作り、病気をシャーレの中に再現することが可能になった。しかも、人生の後半になって発病するような病気を、わずか一ヶ月くらいで再現できる。これまでは分析のしようがなかった神経の病気、たとえばアルツハイマー病のような病気についての情報が、iPS細胞から得られるようになったのである。病気になる前に先制して予防する方法、新しい治療薬など、これまでになかったような研究がiPS細胞から生まれるであろう。iPS細胞。それは、まさに、不可能を可能にした細胞である。

iPS細胞がわが国で生まれた偉大な細胞であることは確かであるが、日本にいると、iPS細胞以外の幹細胞のニュースがほとんど耳に入ってこない。人々は、iPS細胞だけが、再生医療の担い手と思っているかもしれない。しかし、世界を広く見れば、iPS細胞と並んで走っている競争相手は、ES細胞であり、組織幹細胞である。さらに次をねらうような細胞がレースに参加してくるかもしれない。この本は、タイトルが示すように、主人公のiPS細胞にページの大部分を費やした。しかし、同時に、他の細胞についても、紹介するように努めた。

サイエンティストとは、どのような人かを理解する上でも、山中伸弥のケースは興味を引く。四〇歳近くまで、特別に恵まれた研究室にいたわけではない。外国に留学したくてもコネがなく、募集案内に四〇回以上応募しても返事ももらえなかった。まとまった仕事をして、やる気に満ちて帰国しても、ポジションがない。やっとつかんだ職を足がかりに、彼の才能は一気に開花し、それまでの努力が報われた。一流の研究所で、有名教授の下、恵まれた環境で研究をし、教授の推薦で留学をし、よい職に就く、といった研究者が多いなか、山中の経歴には力強さを感じる。黒川清（政策研究大学院大学）のいうところの「家元制」が残るわが国の大学にあって、山中は「家元」の支援なしに、ここまできたのである。彼の生き方は、サイエンティストだけでなく、就職活動の中で挫折感にとらわれている人、仕事がうまくいかずに先が見通せない人たちにとっても、励みになることであろう。

残念なことに、「疑惑の幹細胞研究」という章も加えざるを得なかった。本書を企画したときには、イルメンゼーと黄禹錫《ファンウソク》の二人の登場しか予定していなかったが、そこにSTAP細胞が、突然割り込んできた。STAP細胞は人々の科学への理解と姿勢の試金石となった。サイエンスに遠い人ほど、小保方晴子《おぼかたはるこ》の擁護にまわり、組織の問題としてとらえようとした。一方、サイエンスに近い人は、最初から彼女に厳しかった。マスコミと社会が大騒ぎするなかで、発表から一一ヶ月後、STAP細胞は虚構の細胞、論文は完全な捏造であることが明らかになり幕が下りた。何故こんなお粗末なことが起こったのか。われわれの腹の虫は収まらない。その全容解明にはまだ時間がかかりそうである。本書では、その概略にとどめ、詳細は、次に執筆予定の中公新書『研究不正』に譲りたい。

われわれは、iPS細胞からたくさんのことを学ぶことができるし、学ばなければならないと、この本を書きながら思い続けた。本書が、iPS細胞だけでなく、サイエンスとその面白さ、そして社会における意義について、何らかのメッセージを伝えることができれば、著者としてこれほどうれしいことはない。

目次

人物イラスト　永沢まこと
説明イラスト　黒木登志夫

第一章　からだのルーツ、幹細胞

一個の受精卵から始まる

幹細胞。この本の主役である。英語で stem cell、ドイツ語では Stammzelle という。どちらも「幹細胞」を意味する。しかし、幹よりも起源を意味するフランス語（cellule souche）の方がその正体に近い。幹細胞の実態は、体を構成しているすべての細胞の「ルーツ」なのだ。iPS細胞を理解するためには、先ず体のルーツを知らねばならない。

考えてみれば不思議なことである。男女の営みの後一〇ヶ月もすると、なぜ、人間としての形を完全に備えた赤ん坊が生まれてくるのだろうか。紀元前一世紀アリストテレス（Aristotélēs、紀元前三八四〜前三二二）は、体は最初からすでに完成していて大きくなるだけという考え（前成説）と、体の構造は連続的に作られるという考え（後成説）の二つの仮説を示した。彼自身は、後者を信じていたという。アリストテレスの推測は正しかった。

中世に入ると、生きとし生けるものはすべて神の創造物であるというキリスト教の影響から、前者の考えが復活した。ヒトの精子のなかに小さなヒトが見えるという絵も残っている。

しかし、一九世紀になると、顕微鏡による観察の結果、体は細胞から構成されていることが分かってきた。一八四〇年には、卵子自身も細胞であることが明らかになり、したがって、体もまた一個の受精卵から出発すると理解されるようになった。

人々は、受精に至る物語に大いなる興味をもっているが、本当のドラマは受精から始まるのだ。生殖細胞系列（「基本のキ」3）の細胞は、男性では精子、女性では卵子という生殖だけを目的とした特殊な細胞に分化する。精子は、卵子にたどり着くためのしっぽと卵子に注入すべき核に特化している。卵子は、直径およそ一〇分の一ミリ、体の中では最も大きな細胞である。二人の間にどのようなドラマがあったにしても、その一つの結果として、億を超す精子のなかから幸運な一個の精子が卵子にたどり着き、受け入れられ、受精が成立する。受精は二つの細胞が一つになるだけではない。生殖細胞として最高に分化した細胞が合体した途端、最も未成熟な細胞に戻ってしまうのだ。それは、一つの世代が終わり、次の世代に受け継がれる瞬間でもある。

受精卵から胚盤胞へ、そして体を作るまで

卵巣を出て直ぐに受精した受精卵は、卵管を子宮に向かって移動しながら、分裂を重ねる。一六～三二個になり、細胞の粒々が外から見えるようになった時を「桑実胚《そうじつはい》」と呼ぶが、今

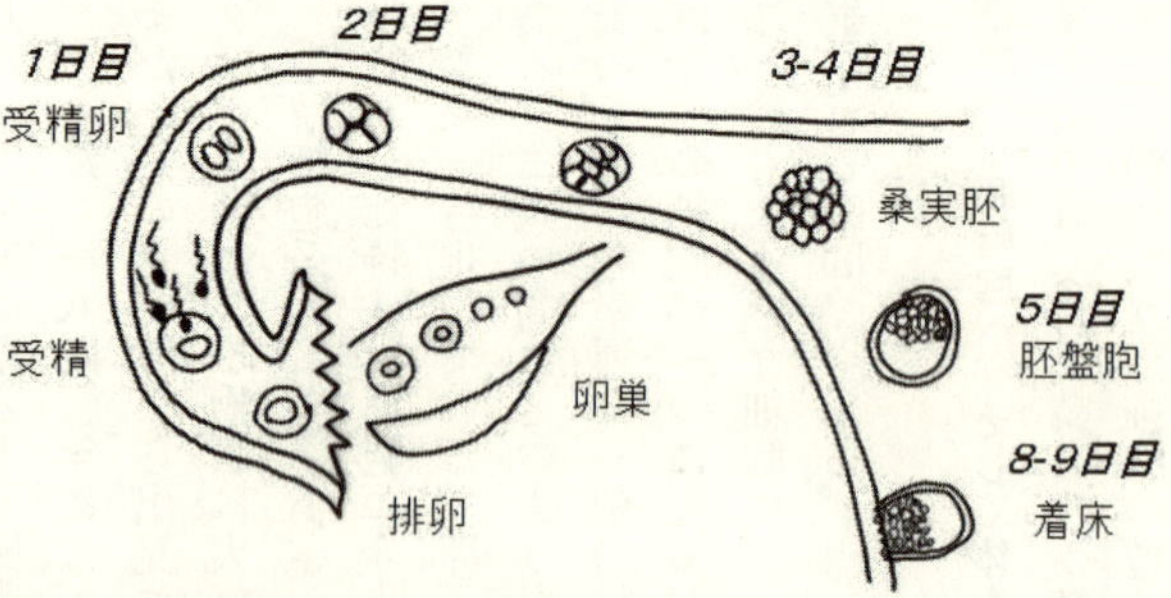

図1−1　受精卵は、細胞分裂を繰り返しながら胚盤胞となり、子宮に着床する

の時代、桑の実を耳にするのは童謡の「赤とんぼ」くらいである。むしろ、「ラズベリー期」と呼んだ方がイメージしやすいであろう。桑実胚の頃、体を作る細胞と胎盤を作る細胞の二つに大きく分かれてくる。ヒトの場合、受精後五日くらいになると、細胞数が一〇〇個以上の「胚盤胞(blastocyst)」となり、八〜九日には子宮に着床する(図1-1)。

胚盤胞は、文字通り、胎児となるべき「胚」と胎「盤」となるべき細胞から構成される胎内の組織(「胞」)である。学名でblastocystというように、袋状の「のう胞《ほう》(cyst)」を形成している。外側の細胞は胎盤となり、胎児の栄養を支える。その内部の一方に偏って細胞の塊がある。たとえて言えば、シュークリームのような細胞である。クリームの部分には「内部細胞塊(inner cell

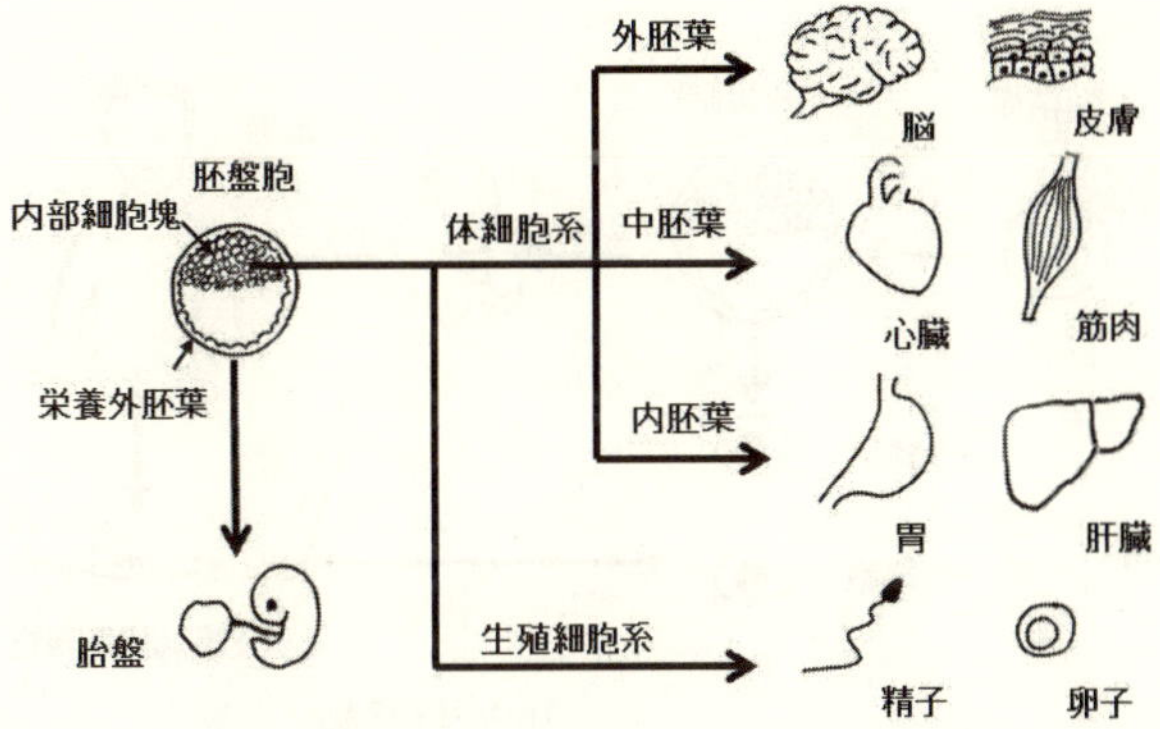

図1−2　胚盤胞の内部細胞塊から体細胞系列、生殖細胞系列が分かれる。体細胞系は内胚葉、中胚葉、外胚葉に分かれ、それぞれの組織に分化する。胚盤胞の外側の栄養外胚葉は胎盤を作る

mass)」という何の変哲もない名前で呼ばれる細胞の塊がある。この細胞こそが、われわれが追い求めている幹細胞なのだ。

胚盤胞の一部は、胎盤を作り、子宮内膜に着床する。胎児を育てるための支援装置ができたことになる。内部細胞塊の細胞から、まず、生殖細胞となるべき生殖細胞系と体を作る体細胞系が別れる（「基本のキ」3）。体細胞系は、さらに大きく内胚葉、中胚葉、外胚葉の三つに分かれる。内胚葉からは、食道から大腸までの消化器などが作られる。中胚葉からは心臓、血管、筋肉、骨などが、外胚葉からは皮膚や脳神経などの組織が発生してくる（図1-2）。

この分化の過程は、かなり詳細に明らかになっている。最初の分岐点、内胚葉、中

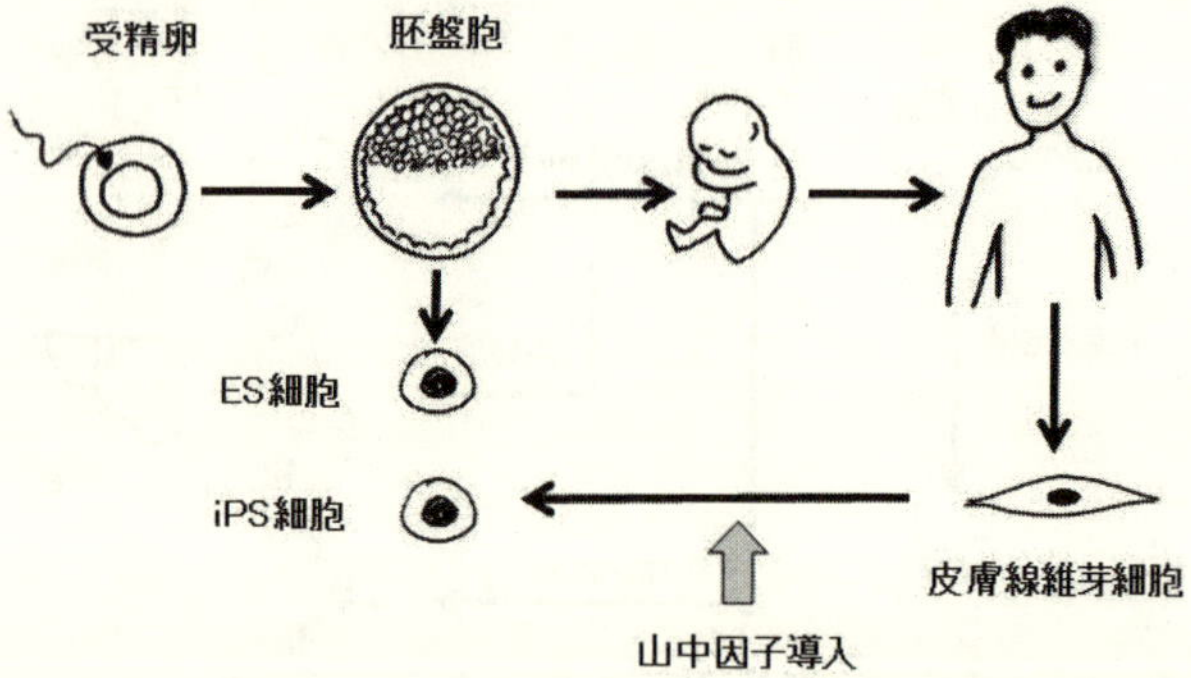

図1−3　ES細胞とiPS細胞。ES細胞は胚盤胞の内部細胞塊の細胞を培養して得られる。iPS細胞は、成人の細胞を培養し、山中因子と呼ばれる4種の遺伝子を細胞に導入して得られる

胚葉、外胚葉に分かれるところでは、アクチビン（activin）という分子がその発生の方向を決めることを、浅島誠《あさしままこと》が一九九〇年に発見した（第七章）。しかも、その濃度勾配によって、どの胚葉に分化するかが決められるという。そこから先の分化の過程に関わる分子も分かってきている。そのような分子あるいは環境を様々に組み合わせることにより、幹細胞を目的の細胞にまで分化させることができるようになり、それによって創薬や再生医療が可能になったのである。

ES細胞とiPS細胞

内部細胞塊の細胞が、体作りのスタートであることは、エバンスによって実験的に

確認された。次章で述べるように、彼は内部細胞塊の細胞を培養して、内胚葉、中胚葉、外胚葉に分化することを証明した。内部細胞塊から分離した培養細胞を、胚に由来する幹細胞という意味で、胚性幹細胞（embryonic stem cell）、略してES細胞と呼ぶ。

しかし、胚盤胞から分離するES細胞には、実験的にも倫理的にも大きな制約がある。受精のプロセスを経ないで、普通の細胞から直接幹細胞を分離できれば、こんなに素晴らしいことはない。そこに登場したのが、この本の主人公であるiPS細胞である。第三章で詳しく述べるように、大人の皮膚から分離した線維芽細胞に、たった四種類の遺伝子を入れてやれば、ES細胞と同じような細胞ができてくるのである。われわれは、ついにES細胞とiPS細胞という二種類の幹細胞を自由に培養することができるようになった。

この二種類の細胞は幹細胞として共通した性格を有する。以下、ES細胞とiPS細胞を特に区別する必要がないときには、「ES／iPS細胞」と呼ぶことにする。

組織幹細胞、成人幹細胞、体性幹細胞

われわれの体は、実にタフにできている。心の傷がいつか癒されるように、体の傷も修復される。出血でたくさんの赤血球を失っても、時間がたてば回復する。移植のため肝臓の一部を切除しても、元の大きさまで戻る。その組織のどこかに、失った細胞を回復するための

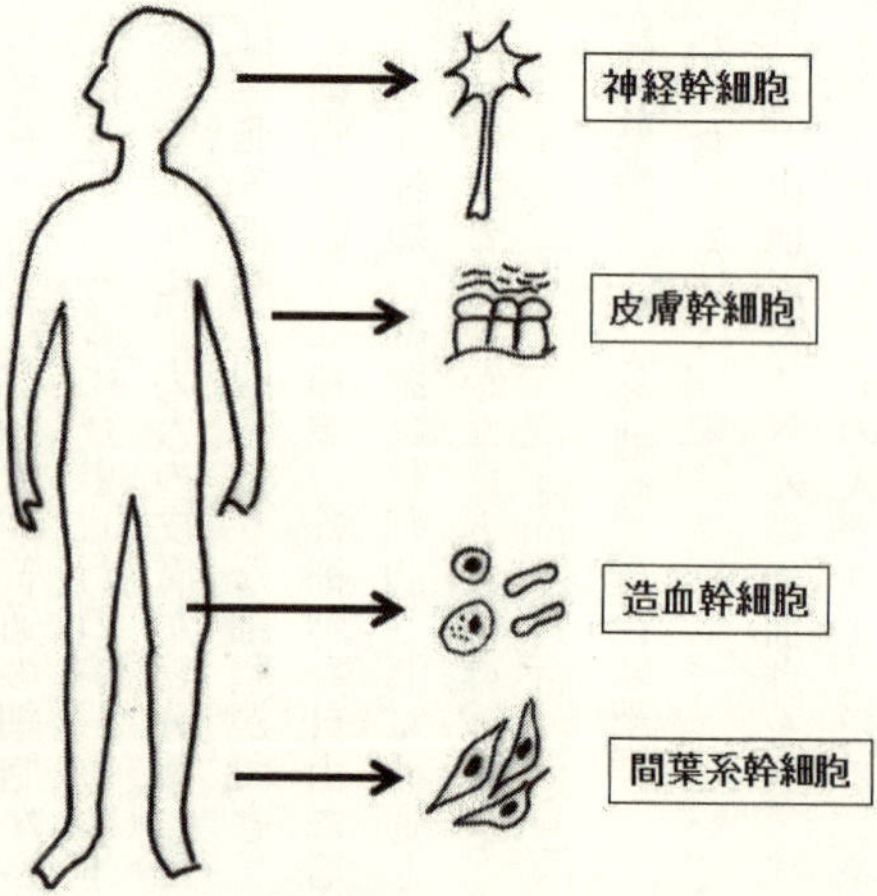

図1−4　組織幹細胞は全身の組織に分布し、組織が傷つくなどの非常時に出動して、組織を修復する。体外で培養して再生医療に使う

細胞が隠れているのだ。そのような細胞は、成人の体の組織に存在するが故に、胚性幹細胞と対比して、組織幹細胞（tissue stem cell）、成人幹細胞（adult stem cell）、体性幹細胞（somatic stem cell）などと呼ばれている（図1-4）。

存在が最初に示された組織幹細胞は、造血系の細胞である。一口に血液の細胞といっても、赤血球、白血球、リンパ球など一〇種にも及ぶ細胞が役割を分担し、われわれの体を守っている。その大本とも言うべき造血幹細胞があり、さらにより専門化した幹細胞があるというように、一つのヒエラルキーが形成されている。

しかし、組織幹細胞の姿を見るのは難しい。一大事の時に出動すべく備わっている細胞なので、普段はひっそりと隠れているのだ。幹細胞の隠れ家（ニッチ）が分かっている組織もある。たとえば、造血幹細胞は骨髄に、皮膚では毛のうに隠れていることが突き止められている。

それぞれの組織には、その臓器に特有の細胞、たとえば肝臓であれば肝細胞に加えて、組織を支える間質と呼ばれる細胞群がある。間質には、間葉系幹細胞（mesenchymal stem cell）と呼ばれる幹細胞が隠れている。間葉系幹細胞もまた、多くの細胞に分化する能力を持っていることから、再生医療に使われている。

幹細胞の増殖形式

正常の細胞を培養に移すと、一定期間しか培養できない。一九六一年、フィラデルフィアのヘイフリック（Leonard Hayflick）は、ヒトの細胞は一〇ヶ月も培養すると、勢いがなくなり死滅することを発見した。これを「ヘイフリックの限界」とよぶ。その間の細胞分裂回数は、人の一生の細胞分裂回数と同じだという。それに対して、がん細胞は永久に分裂できる。一九五一年にジョージ・ゲイ（George Otto Gey、一八九九〜一九七〇）が、三〇代の黒人女性の子宮がんから分離したヒーラ（ＨｅＬａ）細胞は、以来六〇年以上、世界中の研究室で増え続けている。

一方、ＥＳ細胞は、正常でありながら、がん細胞のように増え続けるという特徴をもって

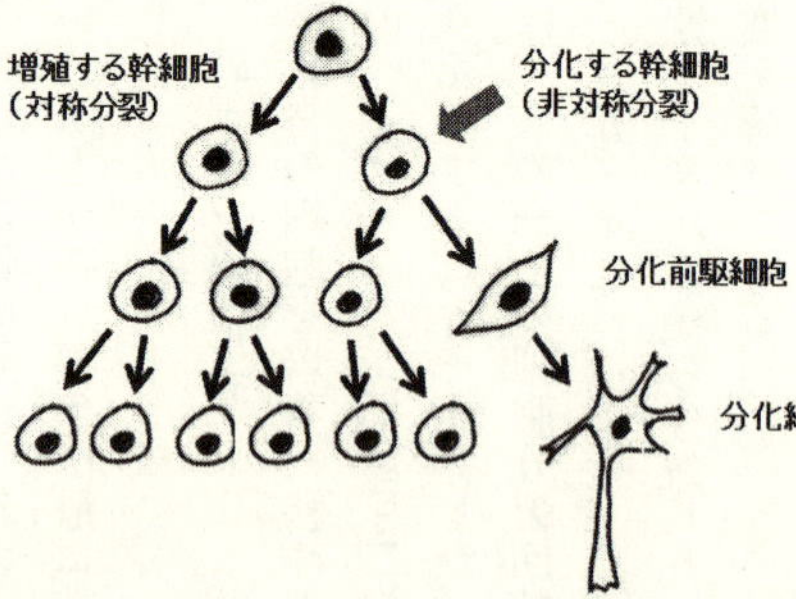

図1−5　幹細胞の分裂様式。活発に増殖する幹細胞群（左側、対称分裂様式）から、分化細胞系が枝分かれし、前駆細胞を経て、分化する（右側、非対称分裂）

いる。同じ細胞が対称的にできてくるという意味で「対称分裂」という。この特徴故に、一旦、ES細胞が分離できれば、われわれはそれを永久に使うことができる。単に倍々ゲームで増え続けるだけであれば、がん細胞と変わりがないのだが、ES細胞の増殖の最大の特徴は、増え続ける細胞集団のなかから分化していく細胞が枝分かれしていくことである。枝分かれした分化すべき細胞は、さらにその先の細胞に分化していく。たとえば、血液細胞に運命づけられた細胞は、さらにリンパ球系、白血球系、赤血球系に枝分かれし、白血球系からはたとえば巨核球が作られ、巨核球の破片が血小板となり、出血を止めるという具合に、体に必要な分子が次々に作られていく（第九章）。このような細胞分裂様式を、増殖系と分化系という別々の方向に分裂するという意味で、「非対称分裂」と言う（図1-5）。

幹細胞の多分化能証明法

幹細胞の多分化能は、内胚葉、中胚葉、外胚葉のすべての方向に分化できるかどうかによって証明される。その証明には次の四つの方法がある。

A. 培養細胞の分化
B. 奇形腫の形成
C. キメラマウスの作成
D. 丸ごと幹細胞マウスの作成

それぞれ、細胞レベル（A）、組織レベル（B）、個体レベル（C、D）で細胞の分化を見る方法である。この四条件をすべて証明するのには、相当な実験技術の蓄積が必要である。培養されているES／iPS細胞は、培養条件を変えたり、分化に必要な分子を培地に加えたりすると、様々な細胞に分化する。拍動する心筋細胞は、もっとも説得力があるし、それを見れば誰でも感動するであろう。このAの方法は、簡単のように見えるが、実際に様々な細胞に分化させようとすると、相当なノウハウが必要だし、費用も時間もかかる。

その点、一番簡単なのは、Bの奇形腫（テラトーマ、Teratoma）を作る方法である。細胞をマウスの皮下に注射して、一ヶ月ほど待てばよいのだ。普通の腫瘍は、たとえば膵がんは膵管の上皮のがん化というように、単一の細胞種からできている。しかし、奇形腫には、内中外胚葉に起源する様々な細胞が詰まっている。よく見られるのは、軟骨、腸上皮、皮膚、

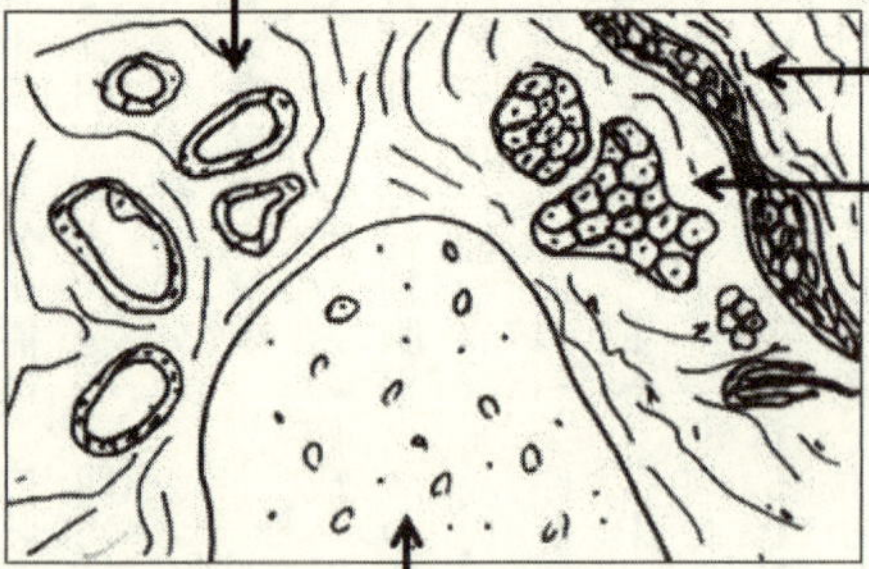

図1−6　奇形腫。外胚葉由来の皮膚（右）、中胚葉由来の軟骨（下）、内胚葉由来の消化管組織（左）が、一つの腫瘍のなかに共在している

神経組織などである（図1−6）。なかには、髪の毛の生えている腫瘍もある。手塚治虫の『ブラック・ジャック』に登場する「ピノコ」という女の子は、この奇形腫から得られた体のパーツを組み立てて作ったことになっている。医学部を卒業している手塚治虫にとって、学生時代に実習で見た奇形腫の顕微鏡像が忘れられなかったに違いない。

奇形腫は、良性腫瘍ではあるが、ES／iPS細胞を臨床に応用する際の一つのリスク因子である。先に述べたように、ES／iPS細胞は、がん細胞のような活発な増殖と分化能という二面性をもっている。前者の特性により腫瘍を形成し、後者によって体の組織に分化したのが奇形腫である。未分化のiPS細胞が残っていると奇形腫のリスクがあるので、再生医療に際しては、分化の方向にコミットしている細胞を用いなければならない。

キメラマウス（C）を作るには、初期胚（二細胞から胚盤胞まで）にES／iPS細胞を注入して、細胞を混ぜ合わせる。生まれたマウスの組織を調べ、目印をつけたES細胞が体中の組織に存在していれば、キメラマウスができたことになり、多能性の証明となる。キメラ（Chimera）とは、ライオンの頭、山羊の胴体と蛇のしっぽをもつという、ギリシャ神話に出てくる伝説の生物である。そのことから転じて、複数のゲノム起源を持つ細胞が混在している生物を呼ぶようになった。

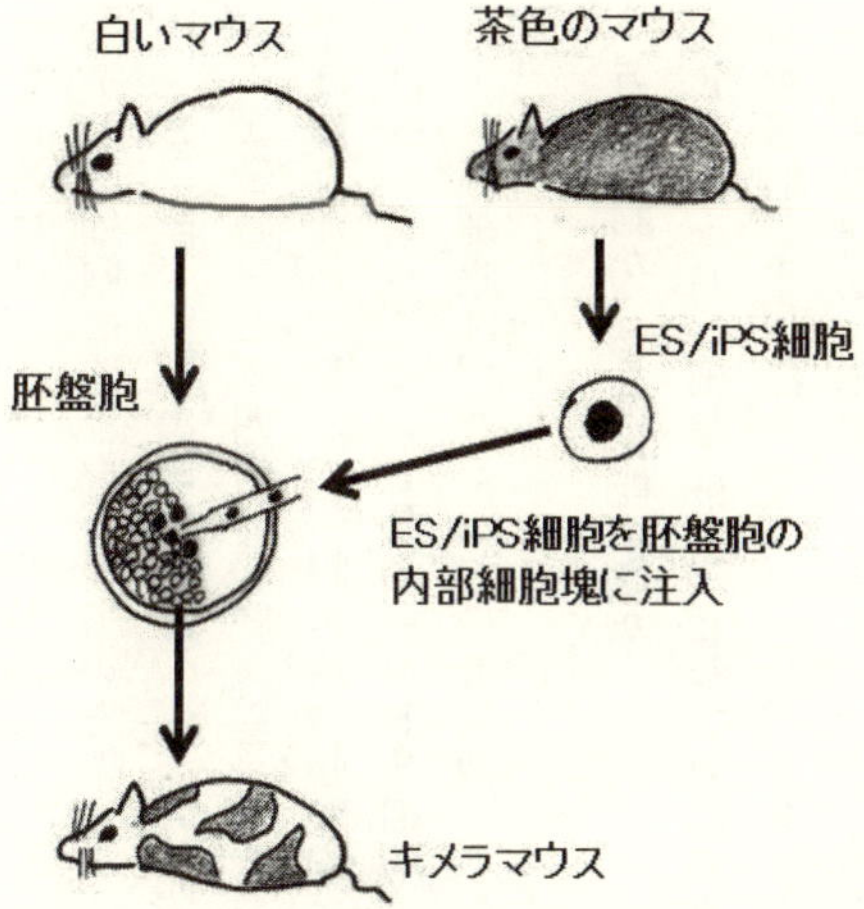

図1−7　キメラマウスの作成方法。胚盤胞にES細胞を注入し、内部細胞塊の細胞と混ぜ合わせて、仮親の子宮内に戻す。生まれた仔マウスは、胚盤胞とES細胞に由来する組織が混ざり合っている。白いマウスの胚盤胞に、茶色のマウスのES細胞を入れると、白と茶色のまだらのマウスが生まれる

　動物を構成するすべての細胞が、ES／iPS細胞でできているマウス（D）を作れれば、多能性について誰も文句がいえないであろう。そのようなマウ

スを作るには、二つの方法がある。一つは、次世代に受け継がれるよう、生殖細胞系がＥＳ／ｉＰＳ細胞に置き換わっているキメラマウスを作ること。もう一つの方法は「四倍体補完法（tetraploid complementation）」という発生学の技術である。まず、正常の二倍体受精卵（2N）を融合させて四倍体の胚（2N＋2N＝4N）を作る。四倍体の胚は、胎盤は作れるが、胎児は作れない。そこで、四倍体の胚盤胞にＥＳ／ｉＰＳ細胞を入れれば、生まれてきたマウスは一〇〇パーセントＥＳ／ｉＰＳ細胞由来ということになる。

ｉＰＳ細胞は、この四つの方法で、多分化能が証明されている（第三章）。

万能細胞か、多分化能細胞か

ＥＳ／ｉＰＳ細胞はときとして万能細胞と呼ばれることがある。特に、ジャーナリストは万能細胞と呼びたがる。しかし、ｉＰＳ細胞の日本語名「誘導多能性幹細胞」が示すように、ｉＰＳ細胞は「多能」であるが、「万能」でもなければ「全能」でもない。どこが違うのだろうか。

万能細胞は、胎盤と胎児の両方を作れる能力（totipotency）を持っている細胞である。子宮に移植すれば、胎盤から供給される栄養によって完全な胎児が生まれる。そのような細胞は、発生のごく初期、桑実期の前くらいまでである。「ドリー」は、脱核した卵子への核移植によって、受精卵と同じ「全能性」の「クローン胚」を作ったので、ヒツジとして生まれることができた（第二章）。

多分化能細胞は、体を構成するすべての細胞に分化する能力（pluripotency）をもつ細胞である。多分化能は、上に掲げた四つの方法によって証明する。ES／iPS細胞は、多分化能をもっているが、子宮に戻しても胎児はできてこないので、「万能細胞」でないことになる。

分化の方向性が限られている細胞に対しては、multipotent、unipotent と呼ぶことがある。たとえば、血液の様々な細胞に分化できるような組織幹細胞を multipotent、血液のなかでも一種類の細胞にだけ分化するような組織幹細胞を unipotent と呼ぶ。しかし、これらの言葉を日本語に訳すと混乱が起こりかねないので、本書では使わないことにする。

図1−8　ウォディントン

ウォディントン・モデル

一個の受精卵は分裂を重ね、二五〇種、六〇兆個もの細胞から構成される体を作るようになる。その間、

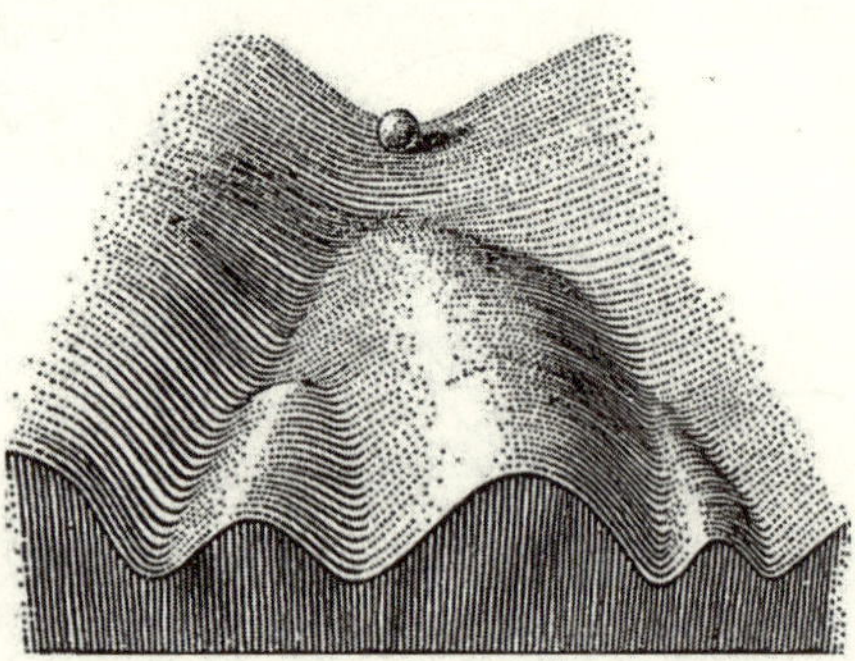

図1−9　ウォディントンのエピジェネティクス・スロープ。分化の谷を滑り落ちたボールは逆戻りできない

正しい遺伝子が、正しい場所で、正しい時に、正しい順序で発現しなければならない。その基本的なメカニズムは、DNAの構造変化を伴わない、エピジェネティクスである（「基本のキ」2）。京コンピュータをもってしても、このような複雑な「もの作り」を間違いなく確実に進行させるのは不可能であろう。

イギリスの発生学者、ウォディントン（Conrad Hal Waddington、一九〇五〜七五、図1-8）は、分化のプロセスを、山のスロープを転げ落ちるボールにたとえた（図1-9）。ウォディントンのエピジェネティク風景（epigenetic landscape）として有名になった図である。ボールは谷に沿って転げ落ちながら、途中でいくつかの谷に別れ、分化していく。たとえば、中胚葉の細胞は、最初、血液細胞の谷に入り、さらに赤血球、白血球の谷へと別れていく。ウォディントンは、谷を転げ落ちるボールにたとえることによって、分化のプロセスが後戻りできないことを示した。

山中伸弥は、山中因子と呼ばれる四つの遺伝子により、分化した細胞をウォディントンのスロープを逆戻りさせ、ｉＰＳ細胞の作成に成功した。分化のプログラムの過程を元に戻したという意味で、英語では「リプログラミング（reprogramming）」と呼んでいるが、本書では、これまでの日本語の表記にならい、「初期化」と呼ぶことにする。

第二章　ｉＰＳ細胞に至るルート

巨人の肩の上に立つ

グーグルの科学論文データベース、グーグル・スカラー（Google scholar）を開くと、最初に「巨人の肩の上に立つ（Standing on the shoulders of giants）」という文章が出てくる。これは、一二世紀のフランスの哲学者ベルナール（Bernard de Chartres、一一三〇～六〇）の「われわれは、先人たちの偉大な業績の上に立っている小さな存在にすぎない」の引用である。この言葉は、ニュートンやパスカルが好んで引用し有名になった。

その通りである。iPS細胞は突然できたのではない。それまでの膨大な研究成果の結果、可能になった一つの金字塔なのだ。特にこの分野の研究は、発生学、分子生物学、細胞生物学、ゲノム分析、遺伝子操作動物、臨床医学など、ライフサイエンス全体をカバーするような広い研究に支えられている。そのなかでも、iPS細胞に到達できたのは、次に示すような三本のルートがあったからである（図2-1）。

1　核移植ルート

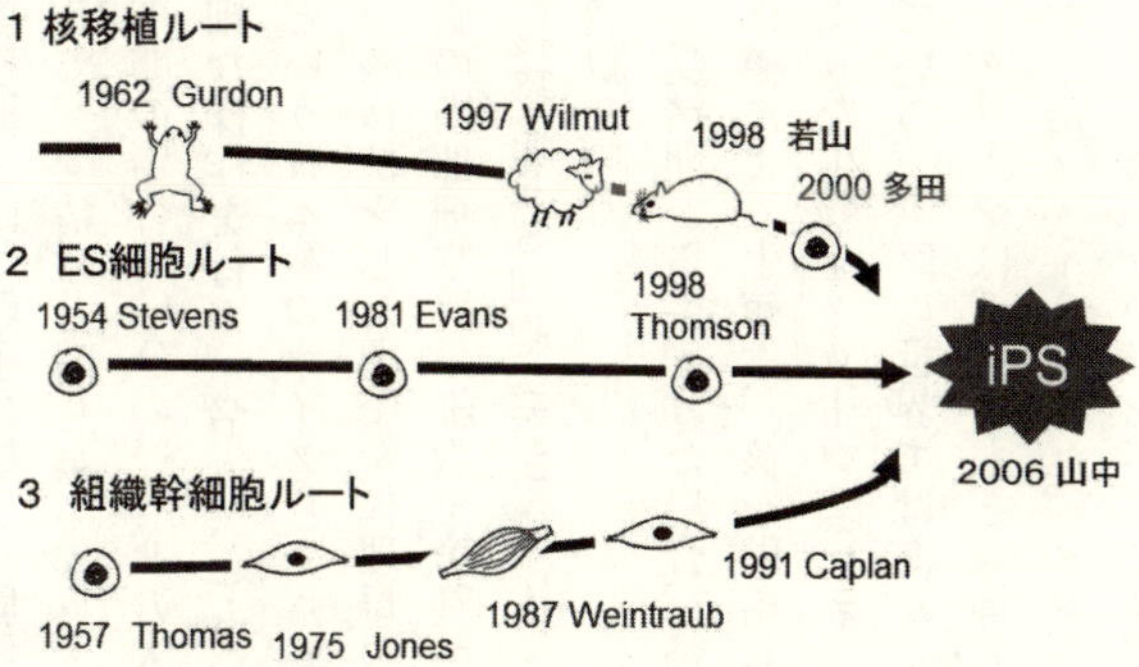

図2−1　iPS細胞にいたる3本のルート。iPS細胞は、これらの多くの研究があってこそ初めて実現した(1)

2　ES細胞ルート
3　組織幹細胞ルート

このルートのなかから、ジョン・ガードン（John Gurdon）、マーティン・エバンス（Martin Evans）そして山中伸弥の三人がノーベル賞を受賞することになる。

ポール・ヴァレリー（Paul Valéry）の詩は詠う。

湖に浮かべたボートをこぐように
人は後ろ向きに未来へ入っていく

われわれも、iPS細胞に至る半世紀の道筋を辿りながら、未来へ向かおう。

1　核移植ルート

iPS細胞に至るもっとも重要なルートは、一九六二年、ガードンによって開拓された核移植である。

核移植とは、卵子の核（一倍体、N）を取り除いた後に、体細胞の核（二倍体、2N）を移植して、受精卵と同じゲノムセットをもった細胞を作る方法である（「基本のキ」3）。ほ乳類の卵の場合一〇分の一ミリの大きさの卵子を相手に、顕微鏡の下で、千分の一ミリ単位の微細な操作を行う。名人芸ともいうべき技術が必要だ。そのための機器としては、Narishigeという日本製のマイクロマニピュレータが広く使われている。

核移植をした卵子を代理母の子宮内に戻すと、子供が生まれてくる。核移植卵子由来胚盤胞の内部細胞塊の細胞を培養すれば、ES細胞が得られる。このようにして得たES細胞を「核移植ES細胞（somatic cell nuclear transfer）」、略してSCNTES細胞あるいはntES細胞と呼ぶ。

受精卵から生まれた場合、精子と卵子に由来する二種類のゲノムが混りあうのに対し、核移植による生殖は、核を供給した「親」とまったく同じ遺伝子情報をもつことになる。このような生物をクローン（clone）とよぶ。クローン動物は、明らかに、生物本来の原理に反している。獣医の世界ではありえても、ヒトでは絶対に許されない。

クローンは、もともと「挿し木」を意味する植物の言葉である。代表的な例は、挿し木で増えたソメイヨシノだ。クローンであるが故に、ソメイヨシノは、すべての木が同時に開花し、われわれの目を楽しませてくれる。

(1)　ガードンによるカエルの卵への核移植（一九六二年）

ノーベル財団のホームページには、ノーベル賞を授与されるジョン・ガードン（図2-2）の写真と一緒に、一枚の古びたメモが掲載されている。それは、彼がイートン校の学生だった一六歳の時（一九四九年）、生物の教師からの成績通知である（図2-3）。「悲惨な学期であった。彼の成績は満足にほど遠い」という文章から始まるこの通知には、いいことは一つも書かれていない。「彼は人の言うことを聞かず、自分のやり方で、自分の仕事に固執する(He will not listen, but will insist on doing his work in his own way)。将来は科学者になりたいそうだが、まったくばかげている（ridiculous）。彼にとっても教える方にとっても時間の無駄である」。ノーベル賞受賞の際のインタビューで、なぜこのようなメモをとってあるのかと聞かれたガードンは、実験がうまくいかないときの反省のためと答えている。

図2-2　カエルの核移植に成功したジョン・ガードン

生物の教師の指摘は間違っていなかった。大学院生のガードンは、「人の意見に惑わされることなく、

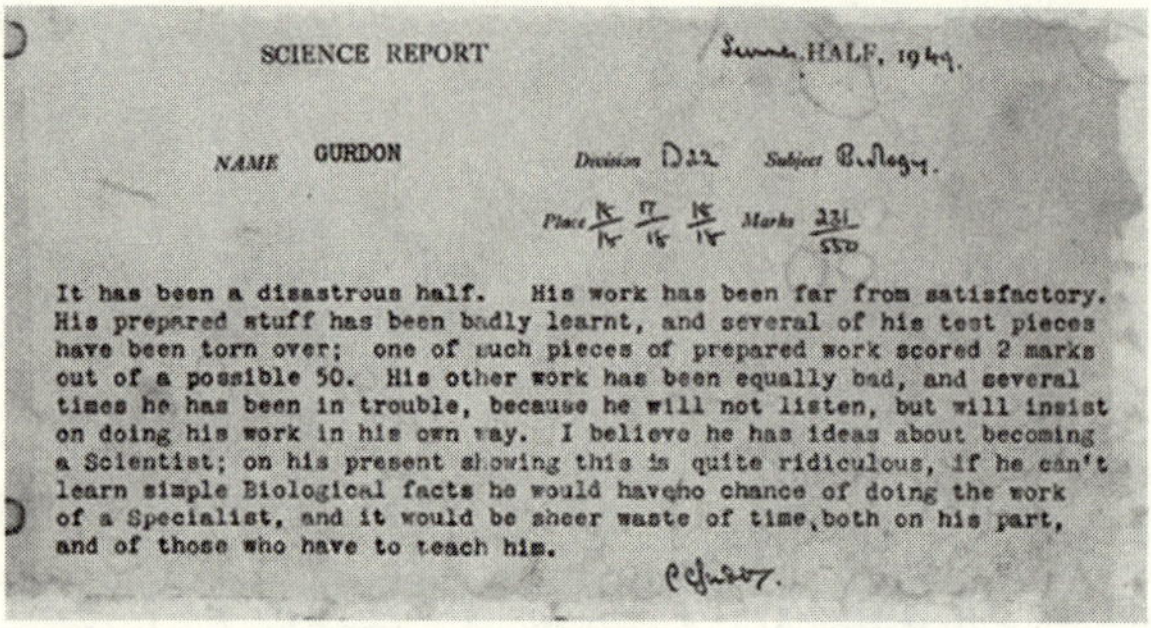

SCIENCE REPORT

NAME GURDON

It has been a disastrous half. His work has been far from satisfactory. His prepared stuff has been badly learnt, and several of his test pieces have been torn over; one of such pieces of prepared work scored 2 marks out of a possible 50. His other work has been equally bad, and several times he has been in trouble, because he will not listen, but will insist on doing his work in his own way. I believe he has ideas about becoming a Scientist; on his present showing this is quite ridiculous, if he can't learn simple Biological facts he would have no chance of doing the work of a Specialist, and it would be sheer waste of time, both on his part, and of those who have to teach him.

図2－3　ガードン16歳の時の生物学教師からの成績通知

自分のやり方で、自分の仕事に固執した」結果、カエルの核移植で学位を得た。ガードン自身も言っているように、大学院生一人の名前で発表された、五〇年前の論文が、ノーベル賞の対象になるなど、普通には考えられないことである。彼の研究は、決して時間の無駄ではなかった。

ガードンは、アフリカツメガエルという実験によく使われる大きなカエルを用いた。卵子も大きく直径が一ミリ以上もあるので、その当時の技術でも操作が可能であった。卵の核を紫外線で破壊した後、オタマジャクシの腸の細胞から取り出した核を移植した。このと卵はオタマジャクシになり、ちゃんとしたカエルにまで育った（図2-4）。このとき、核を提供するカエルは、受け入れるカエルと区別がつくようにしておいたので、移植した核から生まれたことを証明することができた。[2] このカエルから次の世代を作ることにも成功した。移植する核は、オタマジャクシだけではなく、大人のカエルの水かき（皮膚）の細胞でも成功している。さらに、突然変異による白いカエルの核を移植すると、白いカエルが生まれることも証明した。

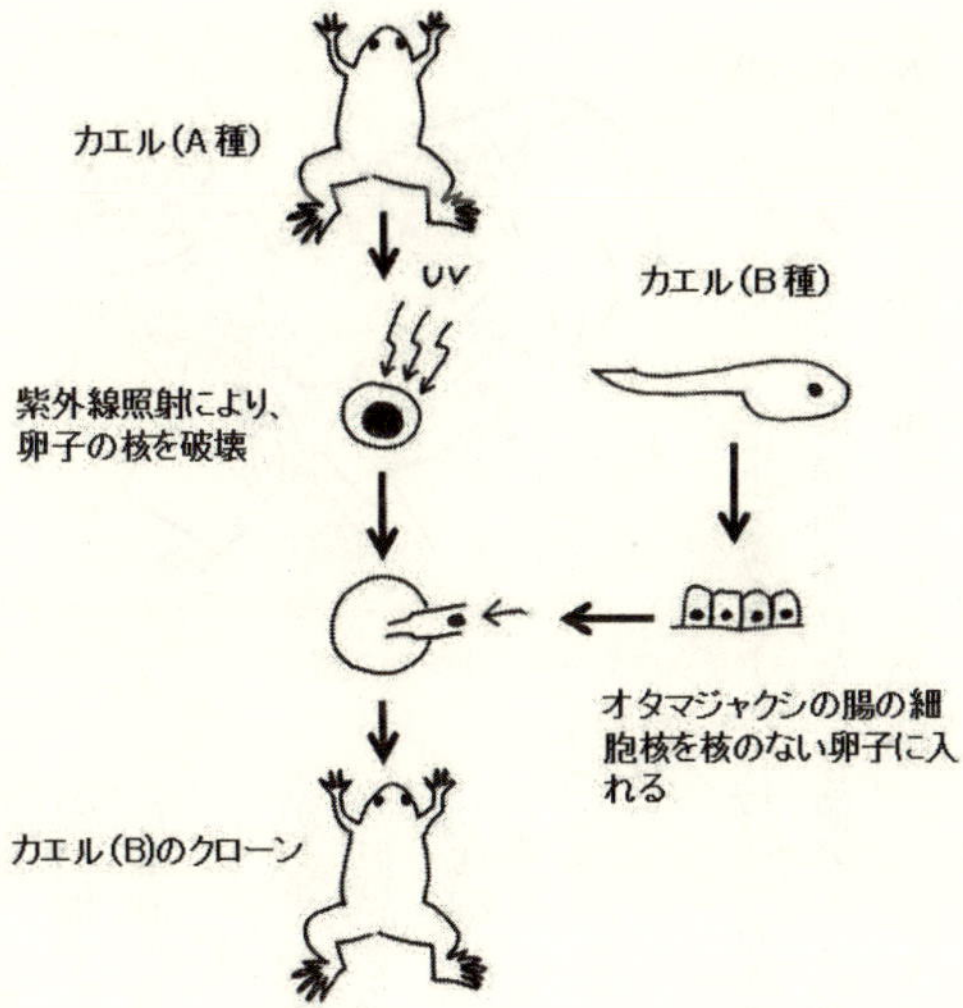
カエル（A種）
UV
紫外線照射により、
卵子の核を破壊
カエル（B種）
オタマジャクシの腸の細
胞核を核のない卵子に入
れる
カエル（B）のクローン

図２−４　ガードンの実験。カエルの卵子の核を紫外線で壊し、オタマジャクの腸の細胞の核を注入する。移植した核からカエルが生まれる

ノーベル賞受賞後のインタビューで、五〇年前の実験の目的を聞かれたガードンは、体を構成している細胞がすべて同じ遺伝子のセット（ゲノム）をもっているかどうかを見るためであった、と答えている。実は、ガードンの実験の一〇年前、一九五二年にアメリカのロバート・ブリッグス（Robert Briggs、一九一一～八三）とトーマス・キング（Thomas King、一九二一～二〇〇〇）が、ヒョウガエルの卵子への核移植を行っている。

図2−5　クローン・ヒツジ「ドリー」を抱くウイルマット

卵子への核移植によってカエルを作ることができるのは、受精卵から少し進んだ時までの核に限られ、発生が進んだ細胞の核ではクローン・カエルができなかった。そのため、発生の過程で遺伝子情報は変わっていくというのが、ブリグスとキングの結論であった。ガードンは、この仮説を否定し、遺伝情報は発生の段階を通じて変わらないという、遺伝学において重要な情報を提供したのだ（「基本のキ」1）。まさにこの考えがｉＰＳ細胞につながったのである。

(2) ウイルマットによるクローン・ヒツジの作成（一九九七年）

ガードンによって開拓された核移植のルートは、その後三〇年以上も閉鎖されたままであった。その道筋を再び開いたのは、スコットランドのイアン・ウイルマット（Ian Wilmut、図2-5）であった。その論文は、ほ乳類で最初のクローン生物であるが故に、大きな反響を呼んだ。[3]

ドナーとなる体細胞核には、顔の色が白いヒツジの培養細胞を用いた。受け入れるべき卵子には、顔の黒いヒツジを選んだ。どちらの遺伝子が発現しているかは、顔色を見れば直ぐに分かるという仕掛けである。核を取り除いた卵子と、培養細胞の核を電気刺激で融合させる。この時、培地成分を変えて、細胞分裂を止めた細胞の核を用いたのが、成功のカギを握っていた。融合した卵子を代理母となるヒツジの子宮に植えて、妊娠したかどうかを超音波で検査し、誕生を待つ。

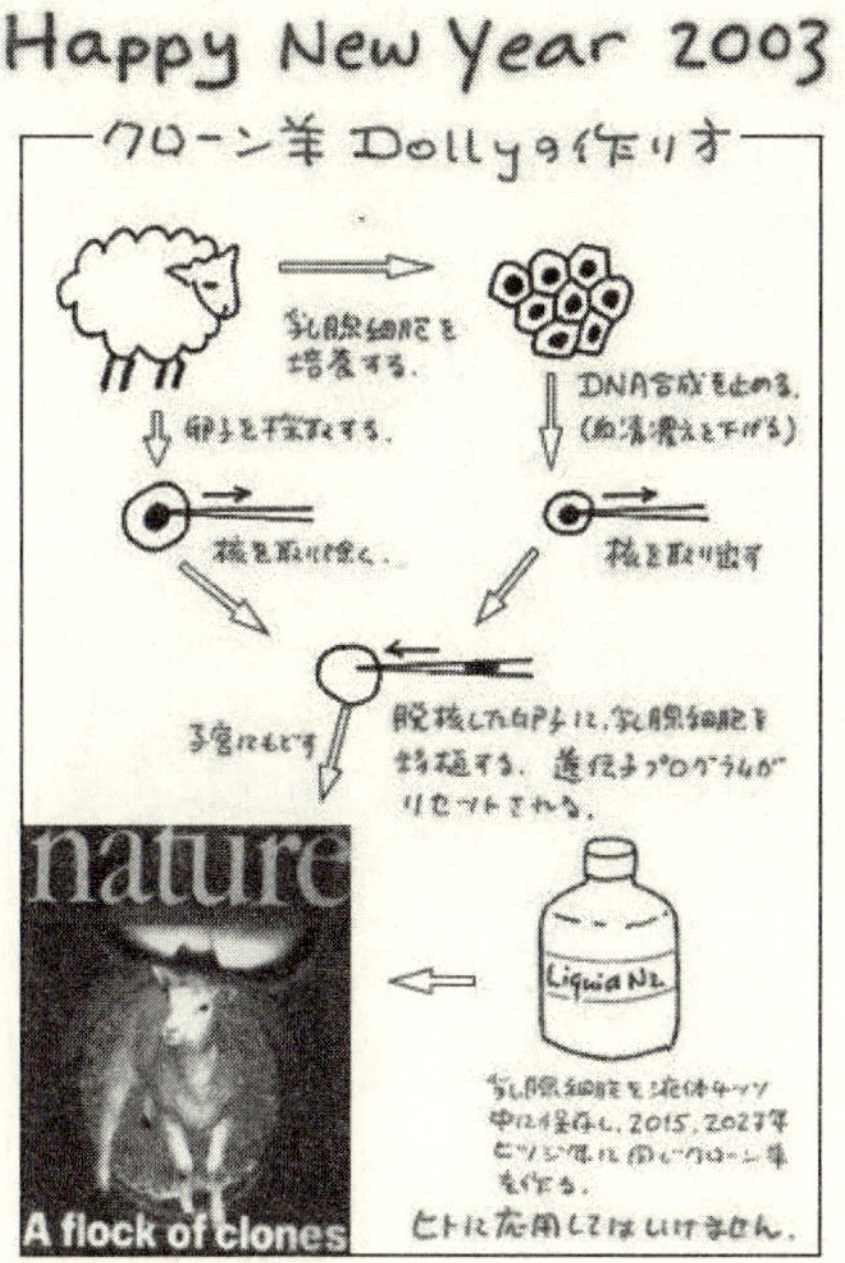

図2−6　クローンヒツジ「ドリー」の作り方（2003年ヒツジ年年賀状）

実験は、成功率が低いことを予想し、ヒツジの繁殖期である一〇月から三月の間に集中的に行った。八三四個の卵に六歳のヒツジの乳腺細胞の核を移植した。八匹生まれたが、成熟するまで生き残ったのは、唯一匹だけだった。ウイルマットは、そのヒツジに「ドリー（Dolly）」という名前をつけた。命名に当たって、巨乳の歌手ドリー・パートン（Dolly Parton）しか思い浮かばなかったと、ウイルマットは述べている（Wikipedia）。

ドリーは、二〇〇三年二月に六歳で死んだ。普通、ヒツジの寿命は一一〜一二歳であるので、ドリーは生まれた時、すでに乳腺細胞をもらった親の年齢、六歳を受け継いでいたのではないかといわれた。年齢とともに短くなっていく、染色体の端っこにあるテロメアという配列は、最初から短かった。

ドリーの成功は、最初疑問が持たれていた。たった一匹では、本当かどうか分からないというのだ。しかし、翌年、法医学で親子判定に用いられる方法を使って、ドリーは、乳腺細胞の子供であることが証明された。(4)

二〇〇三年はヒツジ年であった。毎年、年賀状に凝る私は、ドリーの作り方の絵を描いた（図2-6）。「ヒトに応用してはいけません」という注意書きも書いてある。右下の液体窒素の容器には、次（二〇一五年）とその次（二〇二七年）のヒツジ年のために、ドリーの細胞が凍結保存されている。

(3)　若山照彦によるマウスのクローニング（一九九八年）

ドイツの発生学者、デヴォア・ソルター（Davor Solter）は、一九八四年、理論的考察により、マウスのクローニングは不可能であると結論した。[5] しかし、若山照彦《わかやまてるひこ》のマウスクローニングの論文がネイチャー誌に掲載されたとき、彼は、自分の見解が間違っていたことを認めなければならなかった。

マウス・クローニングは、ドリーの誕生に刺激を受けたハワイ大学の若山照彦（図2-7）によって行われた。若山は、ボスの柳町隆造《やなぎまちりゅうぞう》にその計画を話したが、受精の研究室なのでそれはできないと断られた。しかし、若山は、勤務時間外を利用して、クローン・マウスに成功した。核移植には、精巣のセルトリ（sertoli）細胞、神経細胞、卵丘《らんきゅう》細胞（cumulus）の三種の細胞の核を用いたが、成功したのは卵丘細胞だけであった。卵丘細胞とは、卵子の周りを囲み、卵子を保護し、糖代謝のできない卵子に代わってエネルギーを補給している細胞である。卵丘細胞から核を取って、核を抜いた卵子に注入したところ、二～三パーセントで仔マウスが生まれ育った。クローン・マウスは、二年六ヶ月生存した。ドリーの時のように、早死にしたり、テロメアが短縮することはなかった。

図2-7　クローン・マウスを作った若山照彦

若山が成功したのには、いくつかの技術改良と、素早く核を操る彼の「魔法の手」があったからである。彼らの論文は、サイエンス誌から却下された後、一年がかりでネイチャー誌に掲載された。(6)クローニングよりも、その結果の発表の方がはるかに難関であった。

若山は、二〇〇二年、理研が神戸に創立した発生・再生科学総合研究センター（CDB）の研究員となり、後にSTAP細胞論文の共著者となる（第一〇章）。

(4) 多田高によるES細胞との融合による体細胞の初期化（二〇〇一年）

ガードンは、カロリンスカ大学で行われたノーベル賞受賞レクチャーの最初に、核移植による初期化は、卵子の細胞質と移植した核の戦いだと述べている。卵子もよくやっているが、結局は、核の方が少しだけ強いのだと、彼はいう。核移植による初期化の成功は、ゲノム上の情報が分化の過程を通して保存されていることを証明したが、同時に、卵子の細胞質には、初期化を促すような何かが隠されていることを示唆している。

京都大学の多田高《ただたかし》は、二〇〇一年、ES細胞とTリンパ球を融合させた時、Tリンパ球が多分化能を獲得するかどうかを見る実験を行った。(7)その結果、ES細胞の細胞質も、卵子と同じように、入ってきたよそ者の核、この場合Tリンパ球を初期化する力を持っていることが分かった。この実験で、多田は、その後の研究で広く使われることになる、スマートな技術を開発した。一つは、初期化の重要な転写因子であるＯｃｔ４（後述する山中因子の一つ）に、下村脩《しもむらおさむ》（二〇〇八年ノーベル化学賞受賞）が分離した蛍光タンパク（ＧＦＰ）で標識したことである。初期化の候補細胞は緑色に光るであろう。二番目の方法は、初期化した細胞が、融合相手のＥＳ細胞と異なることを証明するため、マウスのＴリンパ球を用いたことである。Ｔリンパ球は、抗原に対応してＴ細胞レセプター（ＴＣＲ）遺伝子を再構成している（「基本のキ」１）。初期化した細胞にも同じようなＴＣＲの再構成が見られれば、リンパ球が初期化したことの証明になる。結果はその通りであった。しかも、初期化した細胞で作ったキメラマウスは、内中外の三胚葉に分化できた。

この研究は、山中にとって大きなヒントとなった。ガードン、ウイルマット以来、卵子でなければ初期化ができないと思われていたが、卵子でなくともよいことが分かったのだ。とすれば、体細胞を何らかの方法で初期化することも不可能ではないはずだ。

２　ＥＳ細胞ルート

ｉＰＳ細胞に至る第二のルートは、ＥＳ細胞ルートである。核移植ルートが、ｉＰＳ細胞の理論的補強のためのルートとすると、ＥＳ細胞ルートは、細胞側からの実際的な支援ルートといってもよいだろう。ES細胞の研究から、初期化した細胞がどのような顔をしているのか、どのような特徴をもっているのか、その培養条件などの情報が得られた。この分野の研究は、六〇年前の一九五〇年代まで遡ることができる。

(1) スティーブンスによるマウス精巣のがんの発見(一九五四年)

人々は実験動物というと、モルモットを連想するが、最も広く使われ、それ故に最も重要な実験動物は、マウスである。アメリカのジャクソン研究所には、医学生物学研究の基礎を支えるマウスが五〇〇〇系統以上維持されている。一九五四年、ある系統マウスの精巣に、悪性奇形腫(テラトカルシノーマ)というがんが、一パーセントの高頻度でできることを、ジャクソン研究所のルロイ・スティーブンス(Leroy C. Stevens)が報告した。[8] このがんを培養すると、がん細胞らしく活発に増えると同時に、初期胚の細胞のようにいろいろな組織に分化する能力を有していた。

一九七〇年に培養に移されたこの細胞は、胚由来がん(embryonic carcinoma)の細胞という意味で、「EC細胞」と呼ばれた。イルメンゼーは、一九七五年、EC細胞を胚盤胞に注入して、キメラマウスを作ることに成功したと報告した。EC細胞はがん化した細胞であるが、体を構成する細胞に分化する能力も保持していることを証明したと思われた。しかし、

ＥＣ細胞によるキメラマウスは、他の研究室では再現できなかった。イルメンゼーについては、第一〇章の「疑惑の幹細胞研究」で改めて紹介する。

(2)　エバンス、マーティンによるES細胞の樹立（一九八一年）

ケンブリッジ大学のマーティン・エバンス（Martin Evans、図2-8）は、一九六九年、スティーブンスから譲り受けた悪性奇形腫とＥＣ細胞を用いて研究をしていた。しかし、最大の問題は、ＥＣ細胞ががん細胞由来であることであった。一九八一年、「正常なＥＣ細胞」を作るべく、胚盤胞の内部細胞塊の細胞を培養したところ、ＥＣ細胞と同じように、活発に増え続け、しかも様々な細胞に分化する能力をもつ細胞が得られた[9]。キメラマウスを作ることもできた。エバンスは、自分と共同研究者のカウフマンの頭文字を組み合わせて、ＥＫ細胞という名をつけた。

図2-8　ES細胞を樹立したマーティン・エバンス

同じ年の暮れには、カリフォルニア大学のゲイル・マーティン（Gail Martin）が、同じ方法を用いて、同じような細胞の樹立を報告した[10]。

彼女は、EK細胞の代わりに、胚性幹細胞（embryonic stem cell）の頭文字を取り、ES細胞と呼ぶことを提案した。その後、この名前が定着した。

一九九二年になると、アメリカ国立がん研究所のドノバン（Peter J. Donovan）は、マウスの始原生殖細胞から幹細胞を樹立した。[11] この細胞は、生殖細胞系（germ line）から分離されたという意味で、EG細胞と呼ばれている。

遺伝子操作動物は、医学生物学にとって欠かすことのできない技術である。この方法によって、丸ごとの動物体内における遺伝子の働きを知ることができるようになった。そのためには、プラスとマイナスの二つのアプローチがある。プラスは、量あるいは質において本来とは違う形で遺伝子を発現させて、その働きを見るトランスジェニックマウスである。一九七四年、イエーニッシュがウイルス（SV40）DNAを用いて最初に成功した。マイナスのアプローチは、遺伝子に変異を導入して、遺伝子を壊したノックアウトマウスを作る技術である。一九八九年に発表されたこの方法（遺伝子ターゲッティングともいう）により、遺伝子がどんな働きをしているのか、遺伝病のメカニズムなどを調べることができるようになった。

ノックアウトマウスを作る技術はかなり複雑である。①ノックアウトしたいターゲット遺伝子（＋とする）を変異の入った遺伝子（－とする）で組み換える。②組み換えはごく低い頻度でしか起こらないので、いちいち動物に遺伝子を注射して確かめるわけにはいかない。

ＥＳ細胞を用い、薬剤耐性をうまく利用すれば、低い頻度の組み換えも見つけられる。③そのようにして変異を導入したＥＳ細胞を、胚盤胞に入れてキメラマウスを作る。④生殖細胞系の片方の遺伝子に変異の入ったキメラマウス（＋／－）を交配すれば、メンデルの法則にしたがい、目的とするノックアウトマウス（－／－）が得られる。

二〇〇七年、遺伝子ターゲッティングの方法を開発したマリオ・カペッキ（Mario R. Capecchi）、オリバー・スミシーズ（Oliver Smithies）と並んで、エバンスもノーベル医学賞を受賞した。エバンスは、発生学への貢献というよりは、遺伝子ターゲッティングへの貢献で評価された。

山中がアメリカに留学したのも、帰国後、奈良先端科学技術大学院大学に就職したのも、遺伝子ターゲッティングが研究のターゲットであったからだ（次章）。彼は、その研究の中で、次第にＥＳ細胞そのものへと興味が移り、ｉＰＳ細胞へとつながっていく。

(3)　トムソンによるヒトＥＳ細胞（一九九八年）

誰もが考える次の研究標的は、ヒトのＥＳ細胞であった。ウイスコンシン大学のジェームス・トムソン（James Thomson、図2-9）は、再生医療への応用を視野に、一九九五年、アカゲザルの胚盤胞からＥＳ細胞を樹立し、培養条件などのノウハウを積み重ねた。

しかし、ヒトに応用するのには、倫理問題という大きな難関が立ちはだかっていた。胚盤胞は、本来であれば、胎児となり、ヒトとなるはずである。事実、胚盤胞を子宮に戻せば、妊娠し、子供が生まれる。体外受精させた初期胚による妊娠を開発したロバート・エドワーズ（Robert G. Edwards、一九二五〜二〇一三）は、二〇一〇年にノーベル医学賞を受賞している。

図2−9　ヒトES細胞を作ったジェームス・トムソン

実際に体外受精を実施するときには、たくさんの初期胚を作成し、元気のよい胚だけを使う。妊娠が成功したときには、残った胚は廃棄することになる。この余剰胚を用いれば、倫理上の精神的負担は軽減されるはずである。しかし、キリスト教の保守派にとっては、初期胚は生命そのものであり、それを実験に使うことに対して反対していた。

ヒトES細胞を作るのに躊躇していたトムソンを後押ししたのは、イスラエルの研究者であった。ユダヤ教によれば、胎児に魂が宿るのは、受精後四〇日前後であるという。とすれば、受精後一週間前後の胚盤胞を使っても、問題がないことになる。

トムソンは、イスラエルとウイスコンシン大学から提供された人工授精の余剰胚から、E

S細胞五株（女性由来三株、男性由来二株）を樹立した。[12] これらの細胞がES細胞であることは、マウスへの移植による奇形腫形成によって確認された。染色体は正常の二倍体であった。これらのES細胞は、現在も広く使われている。

ヒトES細胞の培養には、マウスと異なり、LIFではなく、bFGFという増殖因子が必要であることが、トムソンらにより、二〇〇〇年に発表されている。この培養条件は、山中がヒトiPS細胞を作成するときに使われた。

その後の研究から、マウスとヒトでは、同じES／iPS細胞でも、発生の段階に違いがあることが明らかになり、ナイーブとプライムドの概念が提唱された。その意義については、次章で紹介する。

わが国では、京都大学・物質－細胞統合システム拠点（iCeMS）の中辻《なかつじ》憲《のり》夫《お》が、マウス（一九九九年）、サル（二〇〇〇年）に続いて、二〇〇三年にヒトでES細胞を樹立している。その当時、細胞の医学応用に関する厚労省研究班の班長をしていた私は、ES細胞の重要性から、中辻の研究を支援していた。また、国立成育医療研究センターも、ヒトES細胞を数株樹立している。

わが国のヒトES細胞研究が遅れたのは、政府の厳しい規制のためであった。たとえ余剰胚であっても、いくつもの倫理審査委員会を通り、夫婦二人から承諾を得なければならない。

その上、研究用として承諾された細胞は、臨床用に使うことはできなかった。しかし、二〇一四年一一月、政府は、ES細胞も治療に使えるよう、ようやく指針を改めた。

3　組織幹細胞ルート

iPS細胞に至る第三のルートは、組織幹細胞である（第一章）。分化した組織には、その組織特有の未分化な細胞が存在するであろうことは、昔から想像がついていた。そのような細胞がなければ、組織の一部に欠損が生じたとき、回復することができないからである。

一九五〇年代、白血球、赤血球など様々な血液細胞は、骨髄に存在する造血幹細胞から分化してくることが分かってきた。その研究は、早くも一九五〇年代後半には、トーマス（E. Donnall Thomas、一九二〇～二〇一二）によって骨髄移植として臨床に応用された（第九章）。一九九〇年代になると、間葉系幹細胞という概念の下に、多能性をもった組織幹細胞の研究が始まる。このような組織幹細胞研究も、iPS細胞研究の背景になっている。

(1)　ジョーンズによる5アザシチヂンの分化誘導能（一九七九年）

ウイスコンシン大学のチャールズ・ハイデルバーガー（Charles Heidelberger、一九二〇～

八三）教授の研究室に留学していた私は、留学が終わる頃、試験管内発がんに適した細胞株を新たに作る準備をはじめていた。一九七三年、あとを引き継いだレズニコフ（Catherine A. Reznikoff）がC3H10T1/2を報告した。この変わった名前の細胞は、シャーレの底面一面にうすく広がったところで増殖が止まるという特徴をもつ故に、がん研究に用いられていたが、次に述べる二つの実験から想像するに、その正体は間葉系幹細胞ではなかろうか。

一九七九年、私の兄弟弟子にあたる、ピーター・ジョーンズ（Peter Jones、南カリフォルニア大学）は、C3H10T1/2を5アザシチヂンという薬剤で処理すると、この細胞が筋、軟骨、脂肪細胞に分化することを報告した。[13] 5アザシチヂンは、ＤＮＡのシトシンのメチル化を抑える働きがあるので、この実験は、メチル化すなわちエピジェネティクスが、細胞の分化をコントロールしていることを直接証明した実験として高く評価されている（「基本のキ」２）。

(2) ワイントラウブによるＭｙｏＤの分化誘導能（一九八七年）

ジョーンズの実験にヒントを得て、シアトルのハロルド・ワイントラウブ（Harold Weintraub、一九四五～九五）は、C3H10T1/2細胞から筋細胞を誘導する遺伝子を分離した。[14]

ＭｙｏＤと名付けられたこの遺伝子を導入すると、５アザシチヂンと同じように、筋細胞に分化した。遺伝子の構造から、ＭｙｏＤは遺伝子の転写を制御する転写因子であることが分

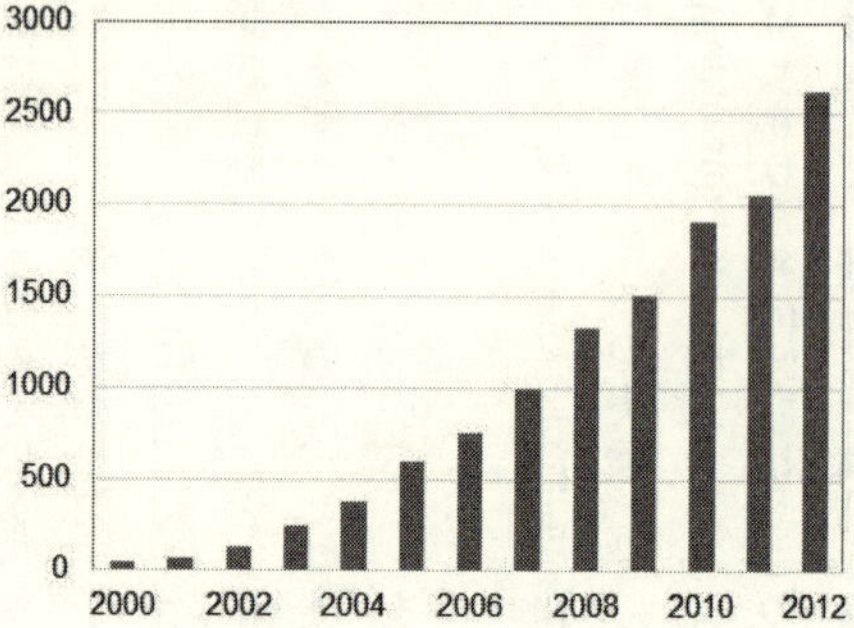

図２−10　間葉系幹細胞に関する論文は2000年代に入り急速に伸びている

かった。

C3H10T1/2細胞を用いたこれらの研究は、エピジェネティクスと転写因子という、二つのメカニズムが細胞分化の運命を決めているという重要な証拠となった。次章で述べるように、山中因子の四つの遺伝子はすべて転写因子である。特にワイントラウブの研究は、遺伝子導入によって幹細胞を作ろうとした山中にとって支えとなった。惜しいことに、ワイントラウブは、四九歳の若さで脳腫瘍に倒れた。

(3)　カプランによる間葉系幹細胞（一九九一年）

間葉系幹細胞の概念は、米国クリーブランドのカプラン（Arnold Caplan）によって提案された。[15] 一九九一年、整形外科の研究誌に発表された「間葉系幹細胞」という総説の中で、カプランは、整形外科医らしく、骨髄、骨膜、筋肉の間葉系細胞について分化能を調べ、骨、軟骨に分化し得ることを紹介し、将来の再生医療への可能性について言及した。

当初、間葉系幹細胞の分化の範囲は限られていると考えられていたが、一九九九年、ヒト骨髄から取られた間葉系幹細胞が、軟骨、骨、脂肪細胞の多方面に分化できることが、ジョーンズ・ホプキンス大学から発表された。[16] 二〇〇〇年代になると、間葉系幹細胞は、由来する胚葉の範囲を超えて分化することが示され、再生医療への期待がさらに高まった。実際、間葉系幹細胞の論文は、二〇〇〇年以降、急速に増えている[17]（図2-10）。このようななかで、東北大学の出澤真理《でざわまり》は、Ｍｕｓｅ細胞という間葉系幹細胞の系を作った（第五章）。

第三章　iPS細胞をめぐる5W1H

不可能を可能にした細胞、iPS細胞は、細胞のドラマであると同時に、一人の科学者と彼の所属するコミュニティのドラマでもある。この章では、iPS細胞をめぐる5つのWと1つのHについて、話を進めたい。iPS細胞を作った山中伸弥の生い立ちを辿り（Who）、研究所を訪ねる（Where）。山中は、なぜ、そのような細胞を作ろうなどと思いついたのか（Why）、そして、それはどのようにして作られ（How）、どのようなタイミングで発表されたのか（When）。そもそも、iPS細胞とはどんな細胞なのだろうか（What）。

それは、臨床で挫折した若い医師が、就職難の中でわずかな幸運をつかみ、最先端の技術を身につけ、誰も考えたことのない仮説を立て、予想もできないような細胞を作り、そしてノーベル賞をとるという、サクセスストーリーである。大学を出てから二五年。この分野の研究に入ってからわずか一九年でつかんだノーベル賞である。彼は、指導者にも研究環境にも特別恵まれたわけではない。本人の努力と才能、そしていくつかの幸運が切り拓いた一つの結果である。[1]

１　Ｗｈｏ　誰がｉＰＳ細胞を作ったか

一九六二年に大阪で生まれた男の子と学位を取ったイギリス人

ｉＰＳ細胞を作ったのは、いうまでもなく山中伸弥である（図３－１）。この本の主人公だ。山中伸弥は、一九六二年（昭和三七年）九月大阪に生まれた。奇しくも、その年にジョン・ガードンが学位論文を発表した。カエルの卵子の核をこわし、代わりにオタマジャクシの細胞核を移植すると、ちゃんとしたカエルが生まれるという、いわば玄人好みの地味な論文である（第二章）。大阪で生まれた男の子とカエルの実験で学位を取ったイギリス人が、五〇年後にノーベル賞を分かち合うことになるなど、誰に想像できたであろうか。

図３－１　山中伸弥

山中の父親は、ミシンの部品を作る小さな町工場を経営していた。祖父の代には大きな工場であったというが、祖父の持っていた特許が切れたあとは、規模を小さくせざるを得なかった。根っからの技術者であった父から、山中は、勤勉さ、忍耐強さ、創意工夫などを教わった。山中も、少年の頃から、時計やラジオの分解をするのが好きだった。彼自身、科学よりも技術者的要素が強いと言っている。父は、山中に医学部に進学することを薦めた。その父は山中が研修医の時、彼のノーベル賞受賞を知ることもなく亡くなった。

山中は、大阪教育大学附属の中学校、高等学校で学んだ。高校の先生は、生徒に対して「スーパーマン」になれと言ったという。勉強は大事だが、それだけではないというメッセージだ。中学高校の最大の収穫は、後に伴侶となるべき人に出会ったことであろう。高三の秋から猛烈な受験勉強をし、一九八一年、山中は、現役で神戸大学医学部に進学する。

六年間の医学部教育の中間の時期、ちょうど基礎医学教育が終わり臨床に移る頃、大学によっては、学生を希望する研究室に配属し、研究の現場を経験させる制度がある。山中はこの制度を利用して、法医学の研究室でアルコール代謝の研究を手伝った。その上、司法解剖も実習したという。短い時間ではあるが、若い時の研究経験は、学生にとって大きなモチベーションとなる。

骨折一〇回以上

山中伸弥はスポーツマンである。学生時代、山中は柔道部とラグビー部に属していた。そのため、中学から大学までの間に一〇回以上骨折したという。山中は、今でもフルマラソンを走る。学生の時は、途中で歩いてしまったが、ペース配分を覚えた今は完走できる。二〇一五年二月の京都マラソンでは、念願の四時間を切り、三時間五七分三一秒で完走した（四時間を切ったことにお祝いのメールを送ったところ、「ランナーとして学位を得たような気持ちです」という返事があった）。研究は多くの人がタスキをつなぐ駅伝のようなものだと、ｉＰＳ細胞の臨床応用を意識しながら、山中はいう。ペース配分が大事だ。はやる気持ちを抑えて、慎重に確実につなげれば、一番早くゴールできる。

一九八七年、神戸大学を卒業した山中は、専門を選ぶにあたって、循環器内科、整形外科、基礎医学を考えた。基礎医学には周囲の反対が強かったので、結局、骨折で何回もお世話になった整形外科を選び、大阪市立大学医学部の整形外科で研修することになった。母校ではなく、大阪市立大を選んだのは、スポーツ整形外科の実績があったことと、大学の柔道部の先輩がいたからだという。

しかし、臨床の現場は厳しかった。臨床の中でも、外科系は特に指導が厳しく、上下関係がはっきりしている。特に、山中を指導した医師は、柔道部、ラグビー部でも経験しなかったような「鬼軍曹」であった。その上、山中は手術が下手だった。二〇分で終わる手術に二時間かかったこともあった。「鬼軍曹」は、研修の二年間、山中を「ジャマナカ」と呼んでいたという。

臨床の現場で、山中は、どんなに力を尽くしても現代の医学では治せない病気のあることを思い知らされた。全身の関節が数年のうちに動かなくなるリウマチの女性、足を切断しても助けられなかった骨肉腫の高校生、脊髄損傷により動けなくなったラグビー選手。臨床の二年間で、自らの外科医として限界と同時に、臨床の限界をも感じた山中は、基礎医学に進もうと思うようになる。

2 Where 山中伸弥はどこで研究したのか

大阪市立大学医学部薬理学教室

一九八九年、山中伸弥は、大阪市立大医学部の薬理学教室の大学院生となった。大学院の面接試験の時、薬理学については医学部学生時代の知識しか持っていなかった山中は、「僕は薬理のことは何も分かりません。でも研究がしたいんです。通してください」と声を張り上げて、やっと入学が許可されたという。この経験から、山中は、学生を採用する時には、成績よりも「やる気」を重視している。

基礎の研究室は、山中にとってすべてが新鮮であった。もう「ジャマナカ」などと言う人はいなかった。実験も面白かった。実験は仮説を立てるところから始まる。その仮説を証明できれば、実験は成功したことになる。しかし、山中が最も興奮したのは、仮説が間違っていると分かったときであった。予想外の結果に、教授も実験の指導者も「すごい」といってくれた。この時、自分が研究者に向いていると思ったと、山中は言う。予想外の結果を大事にし、なぜと考え、新しい仮説を立てる。山中は研究の魅力にとりつかれた。

その当時、彼が行っていた実験技術は、むしろ古典的な手法であった。やがて、山中は、もっと新しい技術、たとえば遺伝子を操作した動物を使って研究をしたいと思うようになった。遺伝子を導入したトランスジェニックマウスや、遺伝子を破壊したノックアウトマウスなどの技術（第二章）が使われ始めた頃である。薬理学で学位を得た山中は、新しい技術を学ぶために、外国に行くことを決意する。しかし、コネがない。彼は、外国の一流雑誌に出ているポスドク（学位取得後研究員）募集の広告を見ては、四〇通もの応募書類を次々に送った。しかし、なかなか返事は来なかった。まるで、就職難時代の就活のような話である。

カリフォルニア大学グラッドストーン研究所

最初に返事をくれたのは、カリフォルニア大学サンフランシスコ校のグラッドストーン（Gladstone）研究所であった。動脈硬化、循環器病のために作られたこの研究所は、ノックアウトマウスを作るポスドクを必要としていた。電話インタビューで、二〇分ほど研究の話をした最後に、「Do you work on weekend ?」と聞かれた。山中は、「Yes, I do.」と答え、採用になった。しかし、採用条件の「分子生物学の経験」は、正直のところ皆無であった。「できる」とはったりを書いたのがばれないよう出発までの三ヶ月間、遺伝子操作技術を教わった。一九九三年四月、山中は、家族でサンフランシスコに渡った。

山中がグラッドストーンで最初に行った研究は、コレステロール代謝に関する遺伝子（APOBEC-1）を過剰に発現するマウス（トランスジェニックマウス）を作ることであった。予想では、そのマウスは動脈硬化になりにくいはずであったが、予想は完全に外れ、肝臓にがんを作った。それはがん遺伝子だったのである。研究は予想外の方向に進み始めた。

この研究の過程で山中が分離した新規遺伝子（NAT1）は、肝臓がんに関するがん抑制遺伝子かもしれなかった。とすると、この遺伝子を働かなくすると、肝臓がんができるであろう。そこで、遺伝子が働かないようにしたノックアウトマウスを作ることにした。しかし、目的のマウスが生まれる前に帰国することになった。ボスは、「シンヤ、あとは日本で続けたらええやん。ノックアウトマウスができたら、日本に送ったるで」といってくれた（山中によると、アメリカ人も大阪弁を話すのだ）。一九九六年、山中は三年ぶりに帰国した。

外国の研究所で研究するのは、新しい技術を学ぶだけではない。考え方、科学へのアプローチなど、根本的なところでも学ぶべきことが多い。山中は、グラッドストーンに留学したとき、研究所長から「ＶＷ」の重要性を聞かされたという。それは、「Vision」と「Work hard」の頭文字であった。実際、所長の愛車は、Volkswagenであった。さらに、プレゼンテーションの重要性、論文の書き方についての講義も受けた。山中の論文を読んで感心するのは、簡潔で分かりやすい英文と流れるような論理構成である。彼のプレゼンテーションも分かりやすく、人を引きつける。留学経験は大きな糧となり、その後の山中の研究生活でも生かされている。

再び、大阪市立大学へ

日本学術振興会の特別研究員として大阪市立大学の薬理学教室に戻った山中に、グラッドストーン研究所からノックアウトマウスが送られてきた。そのマウスは、ペアになっている遺伝子のうち、片方の遺伝子だけが働いていない（プラスマイナス）。両方とも働かなくするために、プラスマイナスを掛け合わせれば、メンデルの法則に従い、マイナスのマウスが生まれてくるはずである（第二章）。ところが、そのようにして作ったＮＡＴ１マイナスのマウスは、すべて生まれる前に死んでしまった。マウスの発生学を独学で学んだ山中は、この遺伝子は発生の初期段階で重要な働きをしていると考えた。さらに、ＥＳ細胞でこの遺伝子をノックアウトしたところ、細胞の増殖は抑制されずに、分化だけが抑えられた。予想外の実験結果に導かれるようにして、山中の関心は、コレステロールからがん、さらに発生と幹細胞へと移っていった。第二章でも述べたように、遺伝子をノックアウトするとき、遺伝子の組み替えの場としてES細胞を使う。山中にとって、ES細胞は実験材料でしかなかったが、NAT1遺伝子のノックアウト実験以来、ES細胞自身が山中の研究テーマとなった。

一九九〇年代、私は、一年に一回、大阪市立大学で生化学の特別講義をしていた。この本を書くにあたって、山中の協力を得るべくメールを出したところ、「先生の『がん遺伝子の発見』には感銘を受け、何度も読み返しました。大阪市大に来られた時、その本に直接サインをしていただき感激しました」という返事が来た。申し訳ないことに、私はそのことをまったく覚えていない。今回、どの部分に感銘したかを聞いたところ、それは、ボストンの眼科医、ドライジャ（Thaddeus P. Dryja）が、自ら手術した網膜芽細胞腫を材料に、三年間かけて、最初のがん抑制遺伝子Rbを分離同定した話であるという。山中は、臨床医であった自らを、ドライジャに重ね合わせたのであろう。

奈良先端科学技術大学院大学

アメリカとの研究環境があまりに違うのにショックを受けた山中は、帰国後、うつ状態になってしまう。手術が下手でも整形外科に戻ろうかと思ったこともあった。心配した奥さん（皮膚科医）からも、研究をやめたらといわれたという。その上、求人広告を見ては、次々に出した申請によい返事はなかった。ただ一つ、ノックアウトマウスの技術を持つ人を求めている奈良先端科学技術大学院大学が、セミナーの機会を与えてくれた。アメリカでプレゼンテーションのレッスンを受けていたのが役に立った。一九九九年二月、山中は、助教授として初めて独立した研究室をもつことができた。

奈良先端大は、学部をもたない大学院大学である。全国から優秀な学生が集まってくるが、大学院生の配属先は彼／彼女らの希望によって決まる。これといって大きな業績もない新人助教授の山中のところを希望する学生があるとは思えなかった。そこで考えたのは、グラッドストーン研究所で繰り返し言われたＶＷであった。Vision を高らかに歌い上げ、一緒に仕事をしようと、山中は訴えた。その言葉に感動した（あるいはだまされて）高橋和利《たかはしかずとし》を含む三人の学生が、山中と一緒に研究をすることになった。独立して研究を始めた頃の予算は、三〇〇万円しかなかった。

新しい研究室をもった山中は、彼自身が最も重要と考えた問題、ＥＳ細胞はなぜすべての細胞種に分化することができるのかについて集中することができるようになった。それは、生命の根源にも関わる問題であった。奈良先端大に移って四年後の二〇〇三年になって初めて論文を出せた。しかも、ネイチャーとセルという最高級の雑誌に掲載された。四〇歳にして、それまでの苦労が報われ、才能が一気に花開いた。

京都大学へ

彼の実力を認めた京都大学は、二〇〇四年一〇月、四二歳になったばかりの山中を、理研CDBに移った笹井芳樹《ささいよしき》の後任として再生医科学研究所教授に採用した。iPS細胞ができる二年前である。山中を採用した京大再生研は、先見の明があったというべきであろう。

奈良先端大と違い、京大には医学部があり、医学系の研究者がたくさんいた。再生研の所長の中辻憲夫は、すでにヒトES細胞を作っていた。京大の環境は、山中にヒトの研究の重要性を再認識させた。

しかし、京都大学で与えられた研究環境は、奈良先端大と比べると余りにひどかった。ぼろぼろの建物の古い部屋、机はなく、エアコンは故障していた。奈良から一緒に来てくれた学生や技術員と、iPS細胞に向かって新たな研究のスタートが切られた。それから六年経った二〇一〇年、山中の研究グループは、iPS細胞のために作られた「iPS細胞研究所」、Center for iPS Cell Research and Application（CiRA）に移ることになる。そして、今、京大CiRAは、スタッフ三〇〇人を抱える研究所となり、建物もさらに二棟増築されようとしている。

３　Ｗｈｙ　なぜ、ｉＰＳ細胞などという常識外れのアイデアを考えたか

わずか数人が考えていた

山中は、どのようにしてｉＰＳ細胞などという常識外れの考えをもつようになったのであろうか。私は、長年がん細胞を研究し、細胞が分化するメカニズムを分析し、幹細胞にも興味をもち、実際いくつもの論文を発表していた。しかし、最終段階まで分化した細胞が、初期化されて受精直後の未分化の細胞にまで戻るなど、一度も考えたことがなかった。がん細胞は、分化の異常として理解することができる。われわれは、それを、「脱分化」「異分化」などと呼んでいた。がん細胞の異分化状態を元に戻す「分化療法」も条件によっては可能である。しかし、だからといって、分化した細胞が受精したばかりの細胞にまで戻ることなど、私には考えられなかった。

図３－２　幹細胞研究のリーダー、西川伸一

図3−3　幹細胞研究の最も優れた研究者、ルドルフ・イエーニッシュ

幹細胞のリーダーの一人、理研ＣＤＢの西川伸一《にしかわしんいち》（現ＪＴ生命誌研究館、図3-2）によれば、山中の他に、少なくとも二人はその可能性を考え、そのための準備もできていたのではないかという。[2] 一番準備が整っていたのは、マサチューセッツ工科大学（ＭＩＴ）のルドルフ・イエーニッシュ（Rudolf Jaenisch、図3-3）であった。この分野の最も優れた研究者であるイエーニッシュは、ｉＰＳ細胞発表の三年前の二〇〇三年、ヒト体細胞の初期化に必要な遺伝子を遺伝子導入法によって調べるという実験法で特許を取っていた。二〇〇五年一〇月にシンガポールで開かれたキーストン・シンポジウムでは、体細胞から直接多能性細胞を誘導することが夢だと語った。

もう一人は、ＥＳ細胞の増殖と多能性を維持する条件を追求していたケンブリッジ大学のオースチン・スミス（Austin Smith）である。スミスの弟子である丹羽仁史《にわひとし》は、神戸の理研ＣＤＢに帰ってきてから、多能性を維持するための遺伝子を調べていた。丹羽は、山中の報告と同じ、二〇〇六年に、Ｏｃｔ４、Ｓｏｘ２とＫｌｆ４によって初期化の早期に現れるLeftyという遺伝子（体の左右を決定する遺伝子）が誘導できることを報告した。[3] 丹羽は、山中の直ぐそばまで迫っていたのだが、惜しくも初期化までは証明できなかった。丹羽は、二〇一四年になって、STAP細胞論文の共著者として再現性などについて、苦労することになる（第一〇章）。

西川自身も、黄禹錫事件（第一〇章）を振り返り、一〇年後には体細胞から直接ES細胞を誘導することが可能になっているだろうと、二〇〇五年暮れに朝日新聞に書いた[4]。しかし、それからわずか二ヶ月後に、西川自身が、山中のiPS細胞発表の座長をつとめることになるだろうなどとは想像もできなかった（後述）。

研究の流れの逆を行く

山中は、理論的には初期化できるはずだと考えていた。その支えとなったのは、第二章で述べた第一のルートの核移植の実験と、第三のルートのMyoD遺伝子導入による細胞分化である。これらの実験を素直に（あるいは都合よく）解釈すると、初期化に必要な遺伝子は大人の細胞の中にも隠されているし、そのような遺伝子を導入すれば初期化が起こることを示唆していた。

その当時、ES細胞を使った研究は、ほとんどすべてがES細胞を分化させる研究であった。どのような因子を使えば、どんな細胞になるかというような研究が盛んに行われていた。

同じような研究をしてもかなわない。山中はそのような研究の流れの逆を行こうと思った。分化した細胞を初期化してES細胞を作ろうという考えであった。もし、ヒトの胚を使わずに、体細胞からES細胞と同じような細胞を作ることができれば、ES細胞が内在的にもつ倫理と免疫上の大きな問題を解決できるはずである。山中の「ビジョン」に乗せられて研究室に入ってきた三人の大学院生には、常識がなかったのかもしれない。あるいは、若さ故の冒険心があったのかもしれない。

可能性に懸ける研究資金

研究には資金が必要である。文科省から大学への資金配分は減る一方である。他から資金を得なければ研究はできない。わが国の科学研究は、日本学術振興会（学振、JSPS）と科学技術振興機構（JST）の二つのファンディング機関によって財政的に支援されている。学振は、研究者の自由な発想を大事にする「ボトムアップ」の立場から、科学研究費（科研費）によってわが国の研究を基盤から支えている。一方、JSTは、トップダウン方式により研究を支援できる仕組みを作っている。

山中は二〇〇〇年代に入ると、幹細胞研究の新進気鋭の研究者として、科研費を獲得できるようになっていた。そして、二〇〇三年には、iPS細胞を目指した研究を申請できるところまできた。科研費の中には、「挑戦的萌芽研究」という枠があり、将来大きな研究に大化けするかもしれない研究を支援している。山中は、二〇〇四年この枠に申請し、「成体マウスからの多能性幹細胞分離の試み」というテーマで科研費を得ている。

山中は、多能性幹細胞を作る研究計画をＪＳＴにも申請した。山中の申請「真に臨床応用できる多能性幹細胞の樹立」は、岸本忠三《きしもとただみつ》（当時大阪大学総長）の目にとまった。研究には壮大な無駄が必要であると考え、膿胸患者の胸水からＩＬ‐６という重要な生理物質を発見した岸本は、山中の申請に年間五〇〇〇万円の研究費を二〇〇三年から五年間配分した。この研究費がなければ、おそらくｉＰＳ細胞は世に出なかったであろう。岸本は、すでに「ネイチャー」「セル」などの超一流誌に論文を発表していた山中の実力を認めた上で、山中に思い切り仕事をさせてみようと思ったのだ。

４　Ｈｏｗ　どのようにしてｉＰＳ細胞を作ったのか

最初にデータベース作り

体細胞からのリプログラミングの実験を始めるにあたって、山中は、初期胚、ＥＳ細胞で発現している遺伝子を大きく網にかける作戦をとった。ゲノムそのものは、受精したときから死ぬまで変わらない（「基本のキ」1）。変わるのは、その場、そのときに応じた遺伝子の発現（エピジェネティクス）である。

山中伸弥は、柔道だけでなく、コンピュータにも強い。医学部学生の頃、父のミシン工場のために、当時のNEC98型コンピュータを用いて、自ら在庫管理のプログラムを作ったほどであった。彼は、ES細胞で発現している遺伝子のデータベースを作るところから始めた。ちょうどその頃、理研の林崎良英《はやしざきよしひで》がマウスのES細胞で発現している遺伝子のデータベースを発表した。自分でプログラムを作ろうかと考えていたところ、アメリカから分析のためのソフトが発表された。山中は、ES細胞で特異的に強く発現している遺伝子をおよそ一〇〇種にしぼりこみ、ECATというシリーズの番号をつけた。二〇〇一年にヒトゲノムが解読され、ゲノム解析のための技術が一気に進んだ時代であった。二〇〇四年には、ES細胞で発現している重要な遺伝子を二四種までしぼり込んだ。山中は、この二四の遺伝子の中に、体細胞を初期化するような遺伝子があるかもしれないと予測した。初期化できるかどうかを見るためには、これらの遺伝子を、

図3−4　巧みな実験によりiPS細胞を分離した高橋和利

正常なマウスの細胞に入れてやればよい。大学院生の高橋和利（図3-4）は、二四の遺伝子それぞれのレトロウイルスベクター（「基本のキ」5）を作った。

切れ味のよいスマートな方法

これらの遺伝子を細胞に導入しても、初期化が起こるという保証はない。仮に起こったとしても、稀な現象かもしれない。実験者としてみた場合、山中のすごいところは、初期化を見るために、切れ味の鋭いスマートな方法を考案したことである。単に、初期化細胞の出現を待つのではなく、そのような細胞だけを選択的に生き残らせる方法である。そのための指標として使ったのは、Ｆｂｘ15という遺伝子であった。初期胚だけに強く発現しているこの遺伝子をノックアウトしたところ、予期に反して、発生にはまったく影響がなかった。最初はがっかりしたが、山中の好きな言葉「人間万事塞翁が馬」にしたがえば、予想が外れたときにチャンスがあるのだ。Ｆｂｘ15遺伝子を初期化細胞の目印に使えるのではないかと、山中は考えた。

まず、Ｆｂｘ15遺伝子に薬剤（ネオマイシン）耐性遺伝子をつなぎ、ゲノムに挿入する。そのマウスから線維芽細胞を分離し、初期化候補遺伝子を導入する。薬剤存在下で生き残った細胞があれば、それはＦｂｘ15を発現している細胞、つまり初期化細胞あるいはそれに近い細胞ということになる。初期化しなかった細胞は、Fbx15遺伝子を発現していないため薬剤により死んでしまうので、シャーレの中には初期化細胞だけがコロニーを作るというわけである（図3-5）。このような方法により、低い頻度でできてくるであろう初期化細胞を定量的に検出することができるようになった。

山中は二四候補の中に、初期化を起こす因子がすべて含まれているほど自分の運が良いとは思っていなかった。そこで、ES細胞から、発現している遺伝子のcDNAライブラリーを作り、レトロウイルスで発現させる準備も並行して行っていた。二四候補では不十分で、一万種類以上からなるライブラリーをスクリーニングする必要があると考えていたのだ。

高橋は、まず練習として、二四の遺伝子をひとまとめに、上記の初期化を検出できるマウスの細胞に感染させたところ、なんと、ES細胞と似た細胞ができてきた。高橋から報告を受けた時、山中は、何かの間違いだろうと思った。大発見だ！と大喜びしたことが、よく調べると間違いであり、奈落の底に突き落とされた過去の経験が脳裏をよぎった。しかし、実験を繰り返しても、同じようにES細胞によく似た細胞が出てきた。どうやら、山中と高橋に大きな幸運が転がり込んできたようであった。

二四の遺伝子から四つにしぼる

体細胞を初期化する遺伝子は、二四の候補のなかの二つかもしれないし、二〇かもしれない。一般的にｎ個のなかのｒ個の組み合わせを求めるのには、nCrという公式がある。今は、面倒な計算をする必要はない。コンピュータの計算ソフトの「ｎ」に二四を入れてクリックすると、一から二四までのｒに対する組み合わせ数が示される。その総数は、一六七七万七二一五にも達する。まともに最初からテストしたとすると、正解の四つの組み合わせに達するまでに、一万二九五〇回の実験を行わなければならないことになる。毎日一回実験しても三五年かかる。

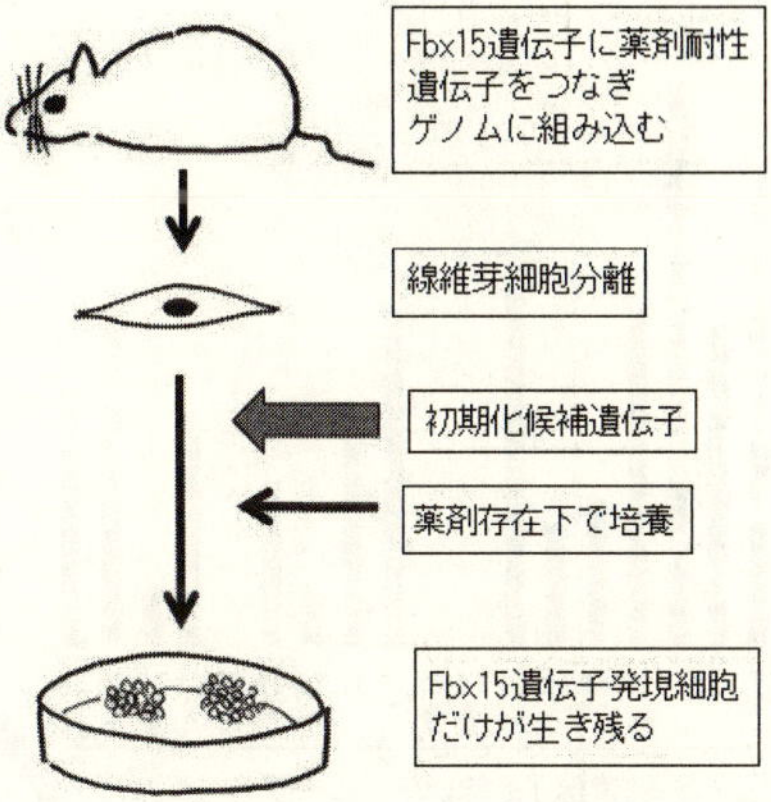

図３−５　Fbx15遺伝子を利用した初期化候補細胞分離法。薬剤耐性遺伝子を組み込んだFbx15遺伝子をゲノムに導入したマウスから線維芽細胞を分離する。初期化候補遺伝子を取り込んだ細胞を薬剤存在下で培養するとFbx15遺伝子を発現している初期化候補細胞のみがコロニーを作る

実験を担当していた大学院生の高橋和利は、スマートな方法を考え出した。二四個から一つずつ除いたセットを作り、それをマウスの細胞に感染させたのである。もし、本当に必要な遺伝子が入っていなければ、

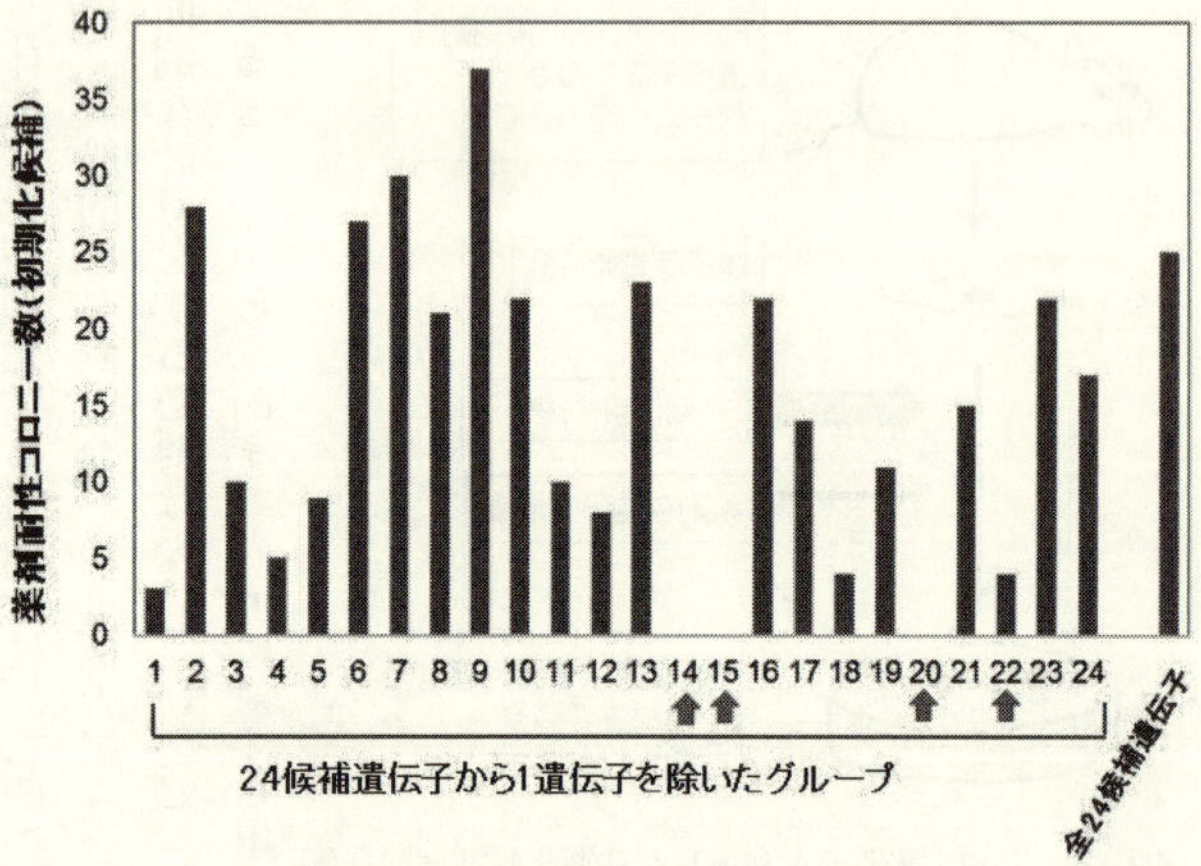

図3−6　初期化候補遺伝子24から一つずつ除いた遺伝子セットによるFbx15発現コロニーの数。14、15、20、22のグループに入っていなかった4種の遺伝子が初期化遺伝子であった

初期化は起こらないはずである。ネオマイシン耐性を目印にするという切れ味のよい方法が、効果を発揮した。図3-6は、二〇〇六年に発表された論文のグラフである。ナンバー14、15、20の遺伝子を除いた組み合わせからは、まったくコロニーができなかった。22を除いた組み合わせでは数個のコロニーができたが、その形は初期化細胞とは言えないフラットな形をしていた。高橋のスマートなアイデアにより、あっという間に、二四個から四個に絞り込むことができた。

それらの遺伝子は次のようなものであった。

Oct4（ナンバー14）
Sox2（ナンバー15）

Klf4（ナンバー20）
c-Myc（ナンバー22）

遺伝子が四種に絞られたところで、改めて、マウスの細胞に取り込ませたところ、シャーレのなかに、元の細胞とは、まるで違う細胞が現れた。その細胞は、ES細胞と同じように、丸い形で、核は大きく、核の周りには細胞質が少しあるだけだった（図3-7）。それは、山中がそれまで使い慣れたES細胞とそっくりであった。狙いはあたった。山中にとっても、高橋にとっても信じられない思いであったに違いない。二〇〇五年、研究費を申請してからわずか二年で目標に到達したのだ。この四つの遺伝子は、後に「山中因子」、あるいは、遺伝子の頭文字を取って「OSKM」と呼ばれるようになる。

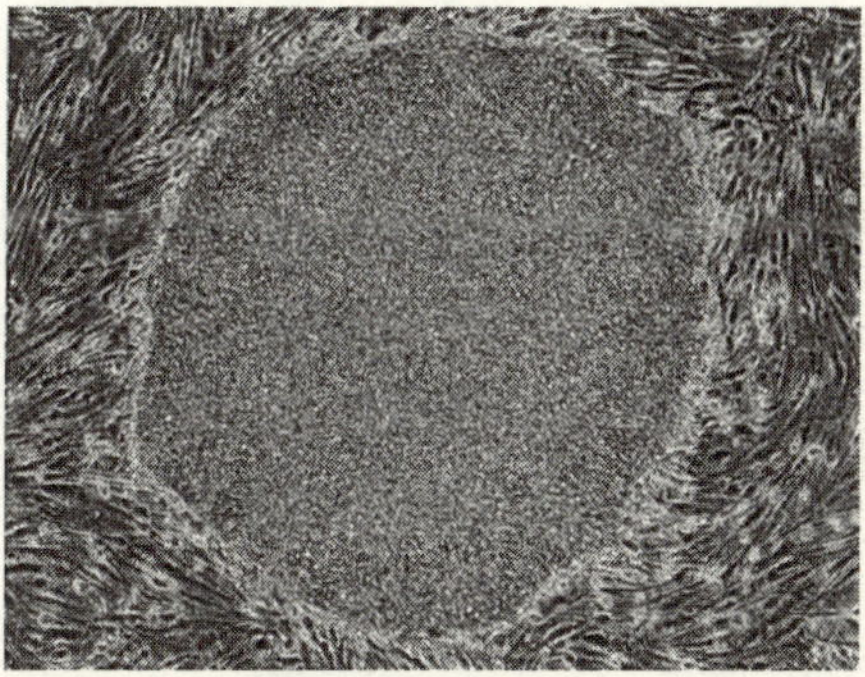

図3−7　ヒトiPS細胞の細胞塊。iPS細胞は、周囲の線維芽細胞に比べると丸く、小さく、細胞が密に集まって盛り上がっている

この革命的論文は、二四の候補遺伝子から四遺伝子を同定した高橋和利と山中の二人の名前で発表し

た。黄禹錫の捏造事件の直後であったため、慎重になりすぎて、他に重要な貢献をした大学院生と技官を著者に加えなかったことを、山中は今でも悔やんでいる。

iPS細胞と命名

この方法で作ったES細胞を、iPS細胞（induced pluripotent stem cell）と呼ぶことにした。日本語に直すと、「誘導された多能性をもつ幹細胞」になる。iPSの「i」は、四つの遺伝子によって誘導（induced）されたという意味である。アップルのiPodにならって、「i」を小文字にした。山中は、ES細胞と同じ二文字にしたかったというが、体細胞からできた多能性幹細胞であることを表し、かつ、他の意味では使われていない名前は思いつかなかった。「i」を小文字にしたのは、できるだけ二文字に近づけたかったという思いもある。

山中には苦い経験があった。アメリカ留学中に見つけた遺伝子NAT1は、ほぼ同時に他の二つのグループが同じ遺伝子を見つけていたこともあり、あまり普及しなかった。二〇〇三年、奈良先端大で分離したECAT4は、同時に発見したスミスのつけたNanogに取って代わられた。確かに、ケルト語で「永遠の若さ」を意味するこの名前の方が魅力的である。同じように、Oct4は、濱田博司《はまだひろし》（現理研CDB）とドイツでほぼ同時に分離され、日本がOct3、ドイツがOct4として発表したが、いつの間にかOct3ではなくOct4と呼ばれるようになった。そのような経験から、命名権を取るためには、世界で受け入れやすい名前にした方がよいと、山中は考えていた。作戦は成功した。iPSという名前は、完全に定着した。

引き金を引く転写因子

四遺伝子のうち、Oct4とSox2は、ES細胞の多能性を維持するための遺伝子として、以前から知られていたので、山中因子に入っていてもそれほど不思議ではなかった。残りの二つの遺伝子はいずれも、がんに関与する遺伝子である。Klf4は、最も重要ながん抑制遺伝子p53を抑える役を担っている。c-Mycは、がん遺伝子そのものである。がんは、細胞増殖、細胞分化と密接に関与していることを考えれば、がん遺伝子が入っていても不思議ではないが、この二つを予想できた人はいなかったであろう。事実、イエーニッシュは、Oct4とSox2は考えていたが、c-MycとKlf4をなぜ入れたのか、と山中に尋ねたという。

山中には十分な根拠があった。c-Mycについては、ほかのグループから報告があった。Klf4がES細胞にとって大事な遺伝子であることを見つけたのは、大学院生の徳澤佳美《とくざわよしみ》であった。それは、山中にとっては伝家の宝刀のような遺伝子であった。高橋和利は、最初、Klf4を二四の候補遺伝子の中に入れていなかったが、山中に「なんで入れてないねん」と言われて加えたという。もし、Klf4なしで実験を進めていたら、iPS細胞はできていなかったことになる。後から考えると、山中ファクターの発見には、幸運もついていた。しかし、よく言われるように、幸運はよく準備された人にのみまわってくるのだ。

これらの遺伝子に共通しているのは、いずれも転写因子を作る遺伝子であることだ。転写因子とは、遺伝子の上流に結合し、その遺伝子を活性化し、DNAからRNAに「転写」させるようなタンパクをいう(「基本のキ」2)。転写因子がないと遺伝子は発現してこない。つまり、山中ファクターの四遺伝子は、その後に起こるであろう連続的なプロセスの引き金役なのだ。そのプロセスはこれからの宿題である。

5　When iPS細胞論文の発表競争

驚くほどシンプルなレシピ

たった四種類の遺伝子を入れれば、細胞は受精後一週間くらいの状態まで戻ってしまうことが分かった。そもそも、そのようなことを考え、実行したグループが他にいるなど考えられなかったが、重要な研究ほどほぼ同時に発表されるのもまた、科学の世界では珍しいことではない。しかも、それは驚くほどシンプルなレシピである。分子生物学をテーマにしている研究室であれば、直ぐにでも再現できるであろう。大学生の卒論実験にもなるくらいだ。発表前に情報が漏れれば、あっという間に他の研究室から論文が発表されてしまう。どのようにして秘密を守りながら、インパクトのある雑誌に発表するべきか。山中の研究グループは、神経をすり減らすような競争の世界に否応なしに入っていった。

山中の研究室では、お互いの研究データを発表してみんなで討論する「ラボセミナー」を定期的に開いていた。しかし、ｉＰＳの成果が出始めてからは、ラボセミナーは中止した。すべての情報は、実際に実験を担当している三人だけにとどめた。

学会発表でプライオリティを取る

次の問題は、最初にどこでどのような形でｉＰＳ細胞を発表するかであった。科学の発見は、論文として発表したときに、初めて認められる。しかし、論文発表の前に、学会など多くの人の前で発表し、プライオリティを取るということもしばしば行われる。たとえば、ＤＮＡ→ＲＮＡ→タンパクという遺伝情報の流れ（「セントラルドグマ」）を逆転させた逆転写酵素（ＲＮＡ→ＤＮＡ）の発見の場合も、ハワード・テミン（Howard Temin、一九三四〜九四）

は、ネイチャー誌に発表する前に、ヒューストンで行われた国際がん会議のシンポジウム（一九七〇年）で発表している。私は何も知らないまま細長い会場の後ろの方に座り、留学していたウイスコンシン大の同じ研究所のテミンの話を聞いていた。世の中を逆転させるような発見であったのにもかかわらず、一人、村松正實《むらまつまさみ》（当時がん研究所）が、核心に迫る質問をしたのみであった。逆転写酵素を発見していたのは、テミンだけではなかった。MITのボルチモア（David Baltimore）も、独立して同じ現象を発見していたのであった。テミンの学会報告を人づてに聞いたボルチモアは発表を急ぐ。二人の研究は、同じ号のネイチャー誌に並んで掲載された。逆転写酵素発見の物語は、拙著『がん遺伝子の発見』に書いた。

iPSの発表に際して山中が気にしたのは、わずか数ヶ月前に起きた、韓国の黄禹錫による捏造事件であった。幹細胞研究に対して懐疑的な雰囲気ができていた。いきなり論文を送っても、また、東洋の研究者がとんでもないことを言い出したと思われ、まともに審査してもらえない恐れがあった。しかも、革命的な内容と比べて、方法はあまりにも簡単である。データを盗まれてしまう可能性もあった。

山中が選んだ発表の場は、キーストン・シンポジウムであった。アメリカ・コロラド州のキーストンで発祥したこのシンポジウムでは、生命科学系の最新の研究成果が発表される。午前と夜の研究発表の間にスキーを楽しむことができるこのシンポジウムに、私は何回も参加したことがあるが、正直のところ、スキーが主な目的であった。

二〇〇六年三月カナダのウィスラーで行われた幹細胞のシンポジウムに山中は演題を送っていた。その抄録には、「リプログラミング因子の最新の成果について発表する」と述べられていた。三月二八日の夕刻、座長を務める西川伸一は、何も知らないまま、会場に赴いた。一番前の席には、生命科学分野でもっとも評判の高いセル誌の編集者が座っている。ネイチャー誌の編集者は、会場にいなかった。スキーからまだ戻ってきていなかったのかもしれない。山中は、誰にも予想できない内容を発表した。四つの遺伝子を入れるだけで、マウスの線維芽細胞が、多分化能をもった細胞へ初期化できるというのだ。ただ、その四つの遺伝子は明らかにしなかった。講演が終わったあと、質問者が相次いだ。座長の西川自身も興奮し、たくさんの質問をどのようにさばいたのかよく覚えていないという。

このシンポジウムに参加していたブリュッセル自由大学の研究者は「山中がその発表をしたときのことは忘れられません。彼は遺伝子の名前を明かさなかったので、みんな魔法の因子の正体をあれこれ憶測したものです」と述べている。[5]研究の透明性、公開性から言えば、発表する以上すべてのデータを明らかにすべきであるというのは正論である。しかし、山中は、質疑応答のなかで、四つの遺伝子のなかの一つが、Ｏｃｔ４であることを明らかにしただけであった。山中が、遺伝子をキーストン・シンポジウムで公表しなかったのは、やむを得なかったと思う。もし発表していたら、あっという間に、出し抜かれてしまっていたであろう。

セルからの投稿依頼

山中の作戦は成功した。講演が終わったあと、セル誌の編集者がやってきて、論文を送るように勧めてくれたのだ。遅れてきたネイチャー誌の編集者も論文投稿を勧めてきたが、山中は話題性、商業性よりもサイエンスを大事にするセルを選んだ。

二〇〇六年六月二九日からカナダ・トロントで行われた国際幹細胞学会には、キーストンの評判を聞きつけた聴衆が、山中の講演に殺到した。静まりかえった会場で、山中は驚くほどシンプルな「レシピ」を発表した。しかし、四つの遺伝子のうち、Klf4だけは隠しておいた。それは、誰も気がつくはずのない、「伝家の宝刀」であった。

iPS細胞の論文は、二〇〇六年八月一〇日のセルに発表された。[5] 論文を投稿すると、まず、同じ分野の専門家に送られる。第一線で活躍している専門家だけに、問題点を鋭く指摘してくる。ピア・レビューと呼ばれる制度である。iPSの論文にも、三人の審査員からたくさんの質問が出された。しかし、「こんなことは信じられない」といった類のコメントはなかったという。審査員も、実験データと誠実に向かい合ったのであろう。審査意見に対する回答は、論文そのものよりも長くなったという。
二〇〇六年の論文の最後には次のように記されている。

論文受付　二〇〇六年四月二四日
審査意見による修正　六月一八日
採択　七月二〇日
オンライン発表　八月一〇日

投稿してからわずか三ヶ月半で発表に至ったというのは、これだけの革命的な論文にしては非常に早かったと思う。むしろ例外的といってもよい。私の経験では、ごく普通のレベルの論文でも（普通であるが故に）、もっと時間がかかるものである。セルの編集者が、キーストンで聞いていたことが大きかったのであろう。用心深くかつ巧みな戦術により、山中はiPS細胞研究において完全にプライオリティを得ることができた。

ヒトiPS細胞の競争

マウスでiPS細胞ができたとなれば、誰でも考えるのは、次はヒトのiPS細胞である。ヒトのiPS細胞ができれば、病気の治療、メカニズム解明に応用ができる。そのインパクトは、限りなく大きい。次の目標に向かって、再び競争がはじまった。

当然のことながら、山中はマウスのiPS細胞ができた二〇〇五年一一月頃から、次はヒトに狙いを定め、ヒトiPS細胞の準備を進めてきた。そのための出発材料となるヒト細胞を新たに作ろうとすると、技術的には簡単であるが、日本では倫理委員会への申請など面倒な手続きが必要である。このため、商業的に樹立された細胞をアメリカから輸入した。それは、三六歳の白人女性から採取した線維芽細胞であった。

ヒトの細胞は、マウスの細胞とは、ずいぶん違っている。私も、ヒトの細胞を試験管内でがん化させるべく実験を重ねたがついに成功しなかった。iPS細胞でも、マウス細胞を単にヒトに置き換えればよいということではなかった。まず、マウスとヒトではES細胞の形も培養方法も異なる。マウスのES細胞は、お椀をひっくり返したように盛り上がっているが、ヒトのES細胞は、せんべいのように薄べったい。その上、マウスとヒトのiPS細胞では細胞培養のための培地成分が違う。マウスには、LIFという生物製剤が必要であったが、ヒトiPS細胞はLIFの代わりに、bFGFという成分を必要とした。このような違いは、マウスのiPS細胞の方が、ヒトよりも「初々しい」ナイーブな段階であることが二〇一三年になって明らかになった(後述)。

その上、ヒト細胞には遺伝子が導入できにくかった。マウスでは八〇パーセント以上の細胞にレトロウイルスに組み込んだ遺伝子を導入できたのに、ヒト細胞では二〇パーセントくらいしか入らない。そこで、レトロウイルスの受容体となる遺伝子を別のウイルスベクターで導入しておき、その上で、山中因子を組み込んだレトロウイルスを感染させるという方法をとった。これにより、効率をマウスと同じレベルまで上げることができた。

ヒトiPS細胞についてのデータがそろい、論文発表が整いつつあった頃、山中は出張先のアメリカで、どこかのグループがヒトでもiPS細胞に成功したという噂を聞く。帰国の飛行機のなかで一気に論文を完成させ、再びセル誌に投稿した。セル誌は、マウスの時以上に素早く対応し、論文受理からわずか三週間の二〇〇七年一一月二〇日にインターネット上で発表された。(6)

その一週間前、ヒトES細胞の樹立に初めて成功したトムソン（ウイスコンシン大学、第二章）から山中にメールがきた。「競争に負けたのは残念だ。しかし負けた相手がシンヤで良かった」。山中は感動を覚えた。ヒトiPS細胞の樹立に成功していたのは、トムソンであったことを知った。

トムソンの論文は、一一月二二日のサイエンス・オンライン版で発表予定であったが、セルの発表を知ったためであろう、サイエンス誌は毎週木曜日と決まっている発表日を二日早めて、山中と同じ日（火曜日）に発表した。(7)発表日を変えるなど普通では考えられないことである。トムソンが用いた遺伝子のうち、Oct4、Sox2は山中因子と共通していたが、

ある。

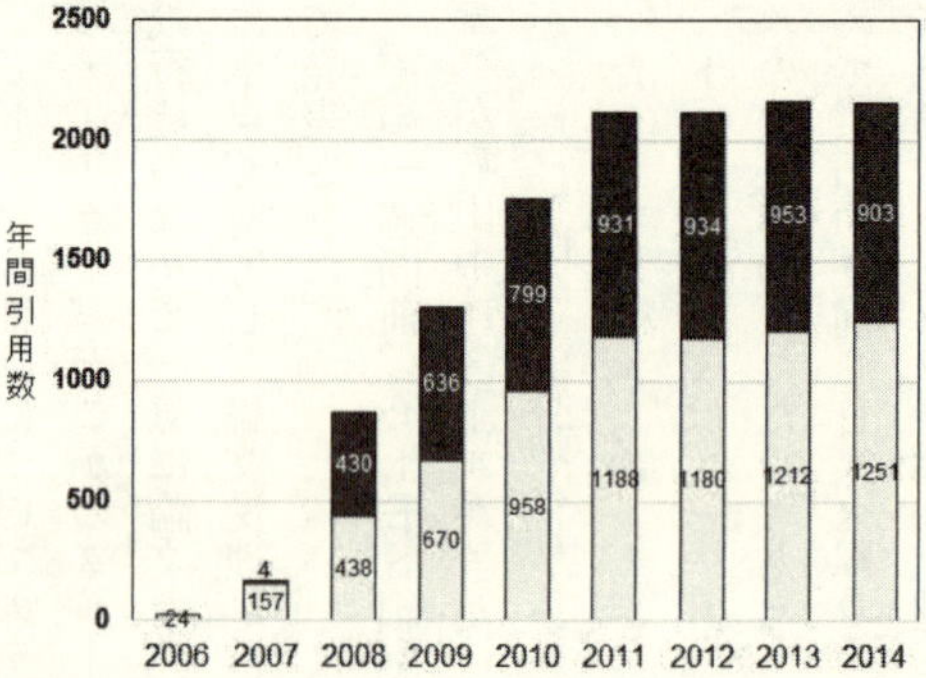

図3－8　iPS細胞論文の引用数。上段は、ヒトiPS細胞2007年論文（Thomson Reutersの調査による）。下段は、マウスiPS細胞2006年論文。2015年3月6日現在

残りの二つはNanog、Lin28という独自の遺伝子であった。彼らは、山中とは異なるアプローチで、これらの遺伝子を探し出し、ヒトiPS細胞に成功したのであった。年が明けて二〇〇八年一月になると、ハーバード大学のデイリー（George Q. Daley）も、山中と同じ方法を用いて、ヒトiPS細胞を報告した[8]。

図3-8は、二〇〇六年にマウス、二〇〇七年にヒトiPS細胞の論文を発表して以来の引用数である。発表以来、二〇一五年三月までの引用数合計は一万二七〇〇に達する。この引用数は、信じられないほど高い数値である。iPS細胞論文のインパクトの大きさを示す数字で

6　What　iPS細胞とはどんな細胞か

四個でできるなどありえへん

二〇〇六年夏から二〇〇七年秋にかけて発表された山中の研究は、信じられないような話であった。ジェームス・ワトソン（James Watson、一九五三年DNA構造を決めたことにより一九六二年ノーベル医学賞受賞）が所長をしている、ニューヨーク郊外のコールド・スプリング・ハーバー研究所で行われたシンポジウムに、山中が招待されたときのことである。講演が終わった夜、バーに行くと「四個でできるなどありえへん」「おかしい」などという会話が聞こえたという（山中によると、アメリカは東部でも大阪弁を話すのだ。「おかしい」は、関西弁アクセント）。

その信じられないようなiPS細胞とは、どんな細胞なのか。もう一度、その名前の「誘導（induced）」「多分化能（pluripotent）」「幹細胞（stem cell）」にしたがって、iPS細胞の特徴をまとめてみよう。

(1) 誘導 (induction)

誘導か、選択か

iPS細胞のように、何らかの方法で、ある特殊な細胞を分離したとき、常に問題となるのは、そのような細胞を本当に誘導できたかどうかである。単に、かくれていた細胞を拾ってきただけに過ぎないのではないかという疑問が残る。第二章で述べたように、多田高は、T細胞レセプターの遺伝子再編成を目印として、この問題への解答法を考案した。二〇〇八年、イエーニッシュのグループは、多田の方法を応用して、Bリンパ球から山中因子によってiPS細胞を作った。(9) できたiPS細胞は、Bリンパ球の分化段階に特徴的な免疫グロブリン遺伝子の再構成を示していた。このことから、iPS細胞は、Bリンパ球から生じたことが証明された。

ヒットエンドラン

iPS細胞誘導の最初の実験ではレトロウイルスベクターを用いていたので、山中因子の四遺伝子は、細胞のゲノムに取り込まれ、そのまま残っていた。しかし、ゲノムに取り込まれないセンダイウイルス、アデノウイルスベクターやプラスミドベクターでも、iPS細胞は誘導された。これらのベクターを用いたときは、遺伝子は一時的に強く発現されるが、細胞分裂に伴い希釈されやがて消失する。遺伝子そのものでなく、その産物であるタンパクを細胞に入れても、ｉＰＳ細胞は誘導される。この時は、タンパクは時間と共に、分解される。ということは、山中因子の遺伝子は、初期化の引き金を引く役割を担っていたのである。ヒットエンドランは成功した。

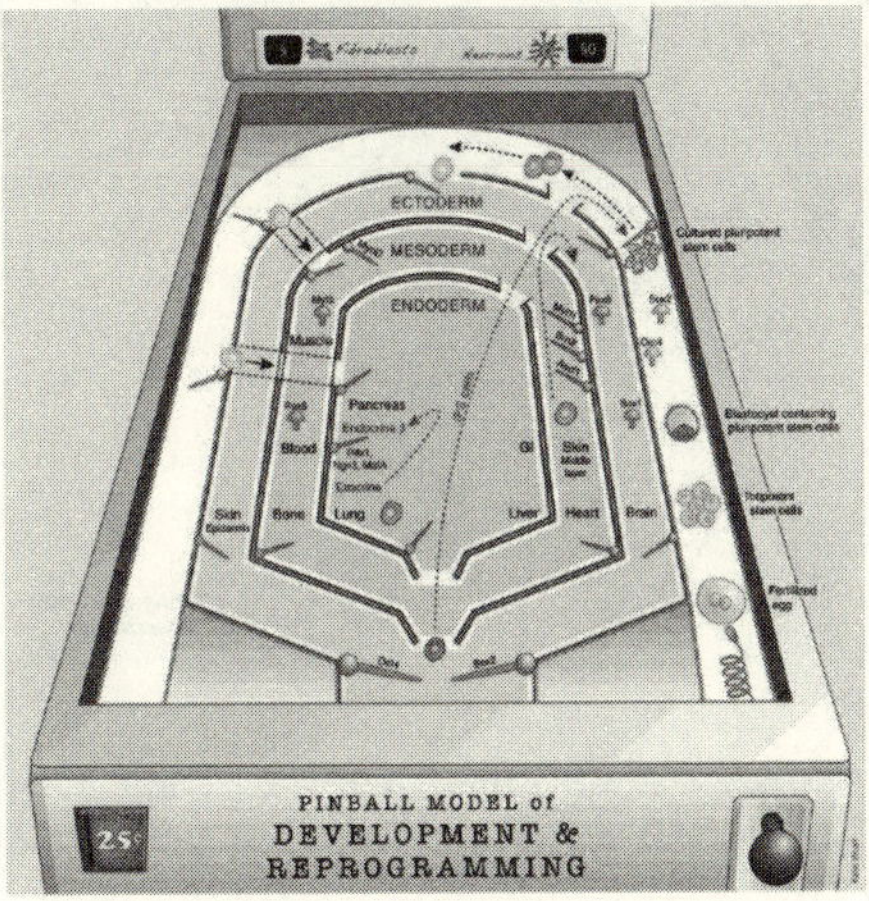

図３−９　ピンボールモデル。一番下まで落ちたボールは跳ね返される

遺伝子が役割を終えて立ち去った後、初期化へ向けてのドラマが始まる。そのシナリオはまだ解明の途中である。

ピンボールモデルとスキー場モデル

ウォディントンのスロープの谷底まで落ちたボールが、重力にさからって、一番上まで戻ったのがｉＰＳ細胞である。長年、信じられていたウォディントンのスロープに代わる新しいモデルが必要になった。たとえば、ピンボールモデル（図３−９）が提唱された。[10]一番下まで落

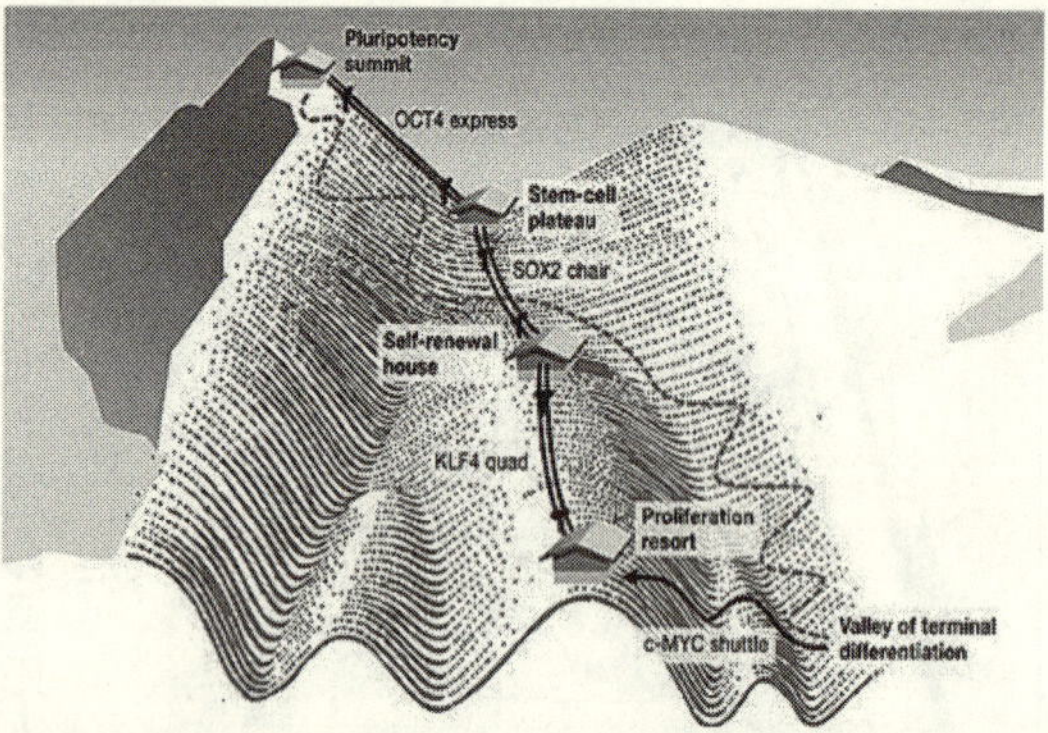

図3−10　リフトモデル。ウォディントン・スキー場にリフトができた。山中因子の名前のついた4つのリフトを乗り継いで、頂上まで上がることができる

ちてきたボールが、「山中因子」によって跳ね返されるというわけである。

二〇一〇年二月、スキーリゾートで開かれたキーストン・シンポジウムで、ウォディントンのスロープをスキー場に見立てた図が示された[1]（図3-10）。スキーヤーとしての経験から言うと、スキー場のスロープを下から眺めたとき、自分が格好良く滑ってくる姿はイメージできても、頂上に向かって「滑り上がる」ことなど想像できない。登るためには、スキーの裏に滑り止めのシールを貼るか、あるいは、リフトを利用するほかない。山中因子は、いわばスキーリフトであった。ふもとから、c-Myc、Klf4、Sox2、Oct4などのリフトを乗り継いで頂上ES小屋にたどり着いた細胞がiPS細胞なのだ。

安全な高速リフト

二〇〇六年に発表した当時から比べると、ｉＰＳ細胞の誘導方法は格段に進歩し、安全で効率のよい高速リフトが開発されている。〇・一パーセント程度であった誘導効率は、今では二〇パーセントまでになっている。効率をさらに上げるためには、ｐ53というがん抑制遺伝子を不活化させておくのがよいことが報告されている。イエーニッシュの弟子であるイスラエルのジャコブ・ハンナ（Jacob Hanna）は、ＮｕＲＤという遺伝子を働かないようにしておくと、一〇〇パーセント近くの細胞が一週間でｉＰＳ細胞になるという研究を発表した。[12] ＮｕＲＤは、がん抑制遺伝子のように、細胞のなかで初期化を抑えるように働いているのかもしれない。とすれば、ここから、新しい研究が生まれてくる可能性がある。

ウォディントン・スキー場は、まだ開発途上である。これから、どんなリフトが開発されるのであろうか。

イエーニッシュ因子

常に幹細胞研究の先頭を走っていながら、ｉＰＳ細胞作成では山中に追い越されてしまったイエーニッシュは、いつか山中を越える方法を作ろうと考えていたに違いない。二〇一四年九月、イエーニッシュのグループは、山中因子とはまったく別の遺伝子によって、高品質のiPS細胞を誘導できることを発表した。(13) 彼らは、それまでに発表された研究を注意深く解析し、Sall4、Nanog、Esrrb、Lin28という四種類の遺伝子によって、マウスの線維芽細胞をiPS細胞化するのに成功した。この四つには、トムソンがヒトiPS細胞の誘導の際に用いたNanogとLin28は含まれているが、山中因子は含まれていない。山中因子と比べると誘導率は低かったが、ゲノム構造から見ても、その品質は高く、体のすべての細胞がiPS細胞からできている「丸ごとiPS細胞マウス」を作ることができた。イエーニッシュの執念が実った論文である。

エリートか、凡人か

山中因子によってiPS細胞に化けるのはどういう細胞なのだろうか。なるべくしてiPS細胞になるような「エリート細胞」があるのだろうか。あるいは、すべての「凡人細胞」に機会があり、たまたま、確率的（ストカスティック〔stochastic〕）にiPS細胞になる細胞が決まったのであろうか。

二〇〇六年に発表した最初のiPS細胞の論文で、その出現率が〇・〇二パーセント程度と低いこともあり、皮膚組織の中にあるエリート幹細胞を拾ってきた可能性について、山中自身も言及している。(5)

その後に発表された論文も、「エリート」説を支持しているように思える。たとえば、出澤真理（第五章）は、Ｍｕｓｅ細胞と非Ｍｕｓｅ細胞を比べると、Ｍｕｓｅ細胞が、ｉＰＳ細胞になる「エリート」であると報告した。[14] 二〇一四年、エール大学のグループは、八時間という信じられないような超スピードで増殖する細胞は、山中因子を加えてから四〜五回の細胞分裂の後、ほぼ一〇〇パーセントｉＰＳ細胞化すると報告した。[15]

しかし、山中自身は、「エリート」から「凡人」モデルへと考えを変えているように思える。[16] すべての細胞がｉＰＳ細胞になり得るが、なりやすい細胞となりにくい細胞がある、ということであろう。細胞の社会も、われわれの社会と同じように、ヒエラルキーのトップに上がるチャンスは、建て前では、すべての人に開放されているのだ。

(2) 多分化能 (pluripotent)

ヒトのｉＰＳ細胞作成に成功したと確信したのは、心筋に分化した細胞が拍動しているのを確認したときだと、山中はいう。サンフランシスコのグラッドストーン研究所にいるとき、京大の高橋和利に任せてきた実験について、「どないなってんねん」と問い合わせたところ、ビデオが送られてきた。顕微鏡の下で、細胞が同調して拍動していた。心臓の細胞になったことを示す、十分な説得力のある画像であった。山中は成功を確信すると同時に感動した。

多分化能を証明するためには、iPS細胞が体を構成する様々な細胞に分化する能力をもっていることを示すデータをそろえなければならない。第一章で述べたように、それを確認するのには、A・培養細胞の分化能、B・奇形腫の形成、C・キメラマウスの作成、D・丸ごとiPS細胞マウスの作成、の四条件が必要である。

二〇〇六年のマウスiPS細胞の論文では、このうち動物実験である最後の二つのデータがなかった。このため、iPS細胞の多能性について疑問をもつ研究者もいた。しかし、二〇〇六年に最初の論文を投稿した時にはすでに、山中の研究室の沖《おき》田《た》圭介《けいすけ》が、Nanogを導入したiPS細胞を作り、キメラマウスに成功していた。[17] 沖田の論文は、二〇〇七年にネイチャー誌に発表された。この論文と同じ号には、イエーニッシュのグループも、キメラマウスの成功を報告している。

iPS細胞から、一匹のマウス丸ごとが作れれば、多分化能を完全に証明したことになる。二〇〇九年、四倍体補完法（第一章）によって、全身がiPS細胞によるマウスが、中国の三つの研究室から発表された。中国からこのような研究が発表されたのは、偶然ではない。中国には発生学の歴史があり、一九六三年にはフナでクローンの作成に成功している。そのような伝統の下に、中国科学院の周琪（Qi Zhou）は、iPSマウスの成功をネイチャーに報告した。[18] 時を同じくして、北京生命科学研究所の高紹栄（Zhaohui Kou）もiPSマウスを報告している。周琪は、彼の作ったｉＰＳマウスに「小小」と名付けた。[19] それは、小さなマウスだったからかという質問に対し、彼は「成果としては大したことではない」と謙虚に答えている。ｉＰＳマウスの誕生により、ｉＰＳ細胞の多分化能には疑う余地がなくなった。

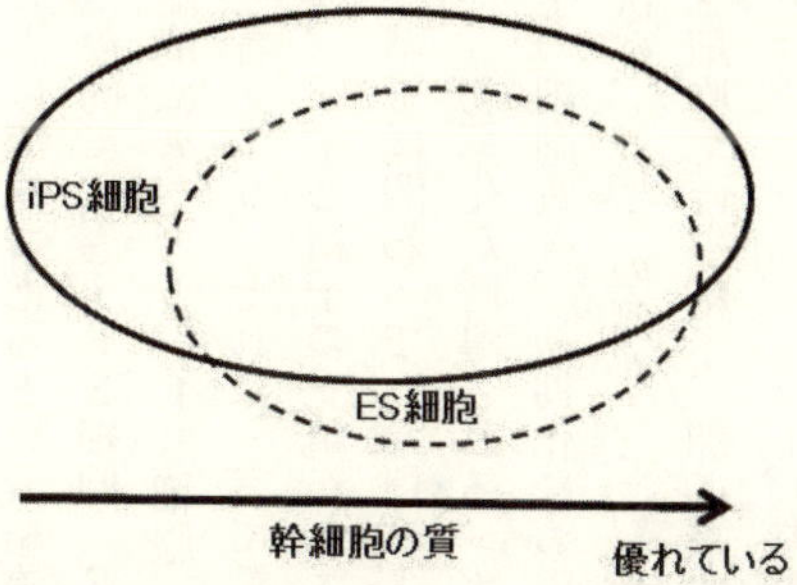

図３−11　ES細胞（波線）とiPS細胞（実線）の比較。両者には共通点も多いが、重ならない部分もある(21)

(3)　ＥＳ細胞（Embryonic stem cell）とｉＰＳ細胞

ｉＰＳ細胞とＥＳ細胞は、どこまで同じで、どこが違っているのであろうか。この疑問は、ｉＰＳ細胞ができたときから、研究者の間で議論されていた。様々な研究室でｉＰＳ細胞を作れるようになった二〇一一年になると、ＥＳ細胞とｉＰＳ細胞を、多分化能、遺伝子発現、ＤＮＡメチル化（「基本のキ」2）などの観点から詳細に調べた報告が出るようになった。[20] 二〇一二年、それらの情報をまとめて、山中は、図3-11のような相関関係を示した。[21] 両者ともにある程度のバリエーションはあるものの、大部分のところはお互いに重複している。両者を区別することは困難であるという結論に達した。

現象的には、iPS細胞とES細胞は、お互いに相似している点が多いかもしれないが、理論的に考えると、ES細胞、核移植ES細胞、iPS細胞の順に、「人工度」が大きくなると言えよう。それは一言で言えば、初期化における卵子と精子の関わり方である。ES細胞は、卵子と精子の受精からスタートしている。核移植ES細胞では、卵子が「場」を提供し、精子は関わっていない。さらに、iPS細胞になると、卵子も精子もまったく顔を出さずに、初期化が誘導される。ガードンがノーベル賞の受賞講演で言っているように（第二章）、卵子の細胞質も、初期化において無視できない役割を担っているのかもしれない。

次に、「核」の側からこの三種の幹細胞を見てみよう。受精卵をスタート材料としているES細胞では、精子、卵子形成の際に、ゲノム上の「履歴」は消されているので、「完全初期化」と言える。しかし、核移植ES細胞では、卵子に移植した核の「履歴」が消されずに、ES細胞に持ち込まれる。iPS細胞でも、出発した細胞の核がそのまま残るので、それまでの「履歴」は消されていない。全ゲノム解析が可能になり、一世代の間に一〇〇に及ぶような小さな変異（一塩基多型）が生じ、次世代に受け継がれることが分かってきた。[22] 加えて、皮膚の細胞は、紫外線などにより変異が蓄積している可能性がある。iPS細胞の品質を向上させるためには、変異の少ない細胞を選ぶ必要がある。

(4) ナイーブとプライムド

幹細胞の舞台はｉＰＳ細胞とＥＳ細胞が主役だと思っていたら、そこに、ナイーブ、プライムド、グラウンド・ステート（基底状態）、さらにはＦ-クラス、などの新しい名前が加わり、いささか混乱状態に陥っているように見える。今のところ、間違いがないのは、ヒトとマウスの幹細胞を比べると、マウスの幹細胞の方が「ナイーブ」な段階にあるということであろう。ナイーブは日本語に訳しにくい言葉であるが、ここでは、「初々しい」と訳しておこう。

マウスのＥＳ／ｉＰＳ細胞は、底面から盛り上がったようなコロニーを作り、培地にはＬＩＦという増殖因子を加える必要がある。ところが、ヒトのＥＳ／ｉＰＳ細胞は、上述のように、平らなコロニーを作り、栄養としてはｂＦＧＦという増殖因子が必要である。このような違いは、種の差というよりは、幹細胞としての分化の段階によることが分かってきた[23]。簡単に言えば、マウスのＥＳ／ｉＰＳ細胞は、胚盤胞の内部細胞塊と同じように、分化の方向性がまだはっきりと決まっていない「初々しい」細胞である。それに対して、ヒトのＥＳ／ｉＰＳ細胞は、胚盤胞から先に進んだエピブラスト（epiblast、日本語では「胚盤葉上層」というがかえって分かりにくい）の幹細胞と同じというのだ。エピブラストの細胞は、内、中、外胚葉に進む一歩前の段階であり、そのため、準備状態にあるという意味で「プライムド(primed)」とよばれている。

ヒトのナイーブiPS細胞は、なかなかできなかったが、二〇一三年、イスラエルのグループが、ヒトES/iPS細胞を、一〇種類のサイトカインと酵素阻害剤を加えた培地中で培養すると、ナイーブなヒト幹細胞が得られることを報告した。(24) しかも、このようにして得られたヒトのナイーブ幹細胞は、マウス胚盤胞に入れると、マウスの胎児の体内で、種を越えたキメラを作るという。二〇一四年になって、ヒトiPS細胞に二つの転写因子(Nanog、Klf2)を一時的に発現させると、プライムドの状態からナイーブな段階に戻ることをスミスは報告した。(25) イエーニッシュは、リン酸化酵素の阻害剤を加えるだけでヒト幹細胞をナイーブな状態にすることができることを発表した。(26) ナイーブなヒト幹細胞を作ることができれば、実験の範囲はさらに広がることになる。

二〇一四年の暮れになって、トロントの研究グループは、細胞の形、遺伝子発現などからF-クラスという新しい幹細胞のカテゴリーを提案しているが、(27) その生物学的意味は分かりにくい。幹細胞の世界は、それほどナイーブ(単純、素朴という意味で)ではないようである。

第四章　ノーベル賞受賞

新聞の一面トップの記事になり、国民がこぞって喜ぶニュースがある。それは、オリンピックの金メダルとノーベル賞だ。因みに、この二つを所管しているのは文科省である。財務当局は、文科省の予算をもっと大事にしてほしいと、この機会を借りて、最初にいわせてもらおう。

山中伸弥ノーベル医学賞受賞

一〇月の初め、ストックホルムから電話番号の確認の電話があれば、それはノーベル賞の予告かもしれない。心当たりのある人は、個人情報だからなどの理由で断らない方がよいだろう。二〇一二年一〇月八日、休日の一七時過ぎ、山中の秘書に、ストックホルムから山中の所在と電話番号の確認の電話が入った。ストックホルムから電話を受けたとき、山中は自宅で洗濯機の修理をしていたという。一八時半には、ノーベル財団のホームページに、この年の医学賞の受賞者として、ジョン・ガードン（第二章）と山中伸弥の二人の名前が正式に発表された。一九時四五分、山中は大阪の自宅から京都大学に到着、二〇時から記者会見が始まった。この時から、山中伸弥の名前と顔は、日本中に知れ渡った。

洗濯機の修理の話には続きがある。田中真紀子文科大臣の提案で、ノーベル賞のお祝いに、内閣から洗濯機を贈ろうということになり、閣僚から募金が行われたという。山中にとっては思わぬ副賞となったであろう。

わが国のノーベル賞受賞者は、物理学と化学に多く、山中の前に医学分野でノーベル賞を取ったのは一九八七年の利根川《とねがわ》進《すすむ》のみである（表1）。しかし、利根川の研究は、外国（スイスとアメリカ）で行われたものであった。あんなに研究費を使っているのに、なぜわが国の研究のなかから医学賞がでないのか、という声も聞こえてきた。国産のノーベル医学賞受賞者がないことに、われわれ医学関係者は、肩身の狭い思いをしていた。そこに山中伸弥のノーベル賞受賞である。しかも、最初から最後まで純国産である。われわれの思いはかなった。

山中伸弥はノーベル賞を受賞したとき、五〇歳であった。これまでの医学賞の受賞者の平均年齢、五八歳と比べるとかなり若い。ノーベル賞を取ったからといって、引っ込んでいるわけにはいかない。しかも、幹細胞研究と再生医療は、iPS細胞をきっかけに火がついたように急速に進展し始めた。山中には、これからも先頭に立って走り続けてもらわなければならない。彼が研究をしやすいような環境を作ることが重要である。

なお、ノーベル医学賞は、正式には、生理学あるいは医学賞（Nobel prize in Physiology or Medicine）であるが、ノーベル財団のホームページでも、普通には医学賞（Medicine Prize）と記載している。このため、本書では医学賞を用いた。

わが国の受賞者

オリンピックのメダルと同じように、ノーベル賞も国別の獲得数が気になる。しかし、ノーベル財団のホームページには、国籍の表示はない。記載されているのは、受賞者の出生地と受賞時の所属機関の国名のみである。たとえば、根岸英一《ねぎしえいいち》（二〇一〇年化学賞）は中国生まれ、南部陽一郎《なんぶよういちろう》（二〇〇八年物理学賞）、中村修二《なかむらしゅうじ》（二〇一四年物理学賞）は日本生まれ、それぞれの受賞時の所属機関はアメリカと記載されている。根岸は日本国籍、南部と中村はアメリカ国籍であるが、そのような記載はどこにもない。研究者は、国をまたいで研究することが多く、そのため、二重国籍者も多い。しかし、わが国は二重国籍を認めていないため、アメリカ国籍を取った人は、アメリカ人となる。国籍情報が乏しく、加えて二重国籍の問題のため、ノーベル賞受賞者の国籍別比較は、容易ではない。ネット情報もあてにならない（表1の説明のようにノーベル財団でも間違えてしまうほどだ）。

一九〇一年のノーベル賞創設以来の日本国籍受賞者は、二〇名、全体の二・二パーセント

	1901－2014年の日本人受賞者／総受賞者数　(%)	2001－2014年の日本人受賞者／総受賞者数　(%)	日本人受賞者名
医学賞	2/207 (1.0)	1/35 (2.9)	利根川進(1987)、山中伸弥(2012)
物理学賞	8/199 (4.0)	5/37 (13.5)	湯川秀樹(1949)、朝永振一郎(1965) 江崎玲於奈(1973)、小柴昌俊(2002) 小林誠(2008)、益川敏英(2008) 赤崎勇(2014)、天野浩(2014)
化学賞	7/169 (4.1)	5/34 (14.7)	福井謙一(1981)、白川英樹(2000) 野依良治(2001)、田中耕一(2002) 下村脩(2008)、鈴木章(2010) 根岸英一(2010)
文学賞	2/111 (1.8)	0/14 (0)	川端康成(1968) 大江健三郎(1994)
平和賞	1/128 (0.8)	0/21 (0)	佐藤栄作(1974)
経済学賞	0/85 (0)	0/29 (0)	
6賞合計	20/899 (2.2)	11/170 (6.5)	
自然科学系3賞合計	17/575 (3.0)	11/106 (10.4)	

表1　わが国のノーベル賞受賞者リスト。南部陽一郎、中村修二博士はアメリカ国籍のため含めていない（ノーベル財団も、受賞者、国籍の数え方を間違えることがある。財団ホームページの表紙に、日本人の受賞者は総数21名、うち物理学賞10名、化学賞6名と記載されていた〔2015年2月〕。しかし、これは物理学賞の南部、中村の2人の国籍を日本と数え、化学賞の7人のうち1人を数え落とした数字である）

アメリカ	日　本	イギリス	ドイツ	フランス
58	11	11	7	6

表2　21世紀（2001〜2014年）の自然科学系３賞の国籍別受賞者。アメリカに次いで２番目、11名を数え、10.4%を占めている。国籍は、文科省の調査による。南部陽一郎（2008年物理学賞）、中村修二（2014年物理学賞）はアメリカ国籍のため、日本人受賞者に含まれていない

発表年代	受賞者数	
1930	1	湯川
1940	1	朝永
1950	2	江崎、福井
1960	1	下村
1970	6	小林、益川、根岸、鈴木、利根川
1980	5	野依、田中、小柴、赤崎、天野
1990	0	
2000	1	山中

表3　わが国の自然科学系３賞の受賞理由となった研究発表の年代

（八八九名中二〇名）を数える。自然科学三賞（医学、物理、化学）だけに限ってみれば、三パーセント（五七五名中一七名）である。

わが国のノーベル賞受賞者は、二一世紀になってから急速に増えている。表2に見るように、二〇〇一年以降では、一一名に上る。自然科学系総受賞者の一〇・四パーセント（一〇六名中一一名）を占めている。表2に示すように、わが国はアメリカに次ぎ、イギリスと並んで二位である。日本の後には、ドイツ、フランスが続く。

わが国の自然科学系三賞の受賞者一七名の受賞時平均年齢は、六二・四歳（最若年は湯川《ゆかわ》秀樹《ひでき》四二歳、最高齢は赤崎《あかさき》勇《いさむ》八五歳）、受賞理由となった発見から受賞までは、平均二三・五年（最短は山中伸弥六年、最長が下村脩四六年）であった。受賞理由となった研究発表の年代

を表3に示す。一九七〇年代が最も多く、六人であった。一九九〇年代の研究からはまだ一人も受賞者が出ていない。このように見てくると、山中伸弥は、発見から受賞までの時間が圧倒的に短い（六年）ことが分かる。iPS細胞のもつインパクトの大きさが理解できるであろう。

ノーベル賞選考

ノーベル賞の選考方法はネットに公開されている。医学賞の選考を行うのは、ストックホルムのカロリンスカ医学研究所（Karolinska Institutet）の教授五〇人（任期三年）で構成されるノーベル会議（Nobel assembly）である。まず、前年の九月に世界中から選ばれた三〇〇〇人に推薦依頼が送られる。自己推薦は受け付けない。推薦人への働きかけもあるようだ。事実、私が推薦資格を持っていると誤解したヨーロッパの研究者から、密かに推薦を依頼されたことがある。その後、外部有識者の意見聴取など、候補者についての詳細な検討が行われる。候補者のしぼり込みを行うのは、五人の総会メンバーで構成されるノーベル委員会（Nobel committee）委員で、名前も公表されている。受賞者は最終的に一〇月の初めに、カロリンスカ医学研究所の五〇人の投票により、一番多い票を獲得した候補者が選ばれるという。ノーベル賞がこのような「民主的」な手続きで選ばれているのは不思議な気がする。

ノーベル賞の選考の中身については、五〇年間公表されない。山中、ガードンの受賞の際に、どのような議論があり、どのような候補者が消えていったかは、五〇年後の二〇六二年、山中が一〇〇歳になるまで分からないということになる。候補者の名前も最終発表まで、厳重に封をされている。しかし、二〇一〇年に体外受精で受賞したエドワーズは、ノーベル財団からの発表前に新聞がスクープ記事を載せ問題となった。

ノーベル賞とチョコレート

ノーベル賞受賞者の多い国は、どんな国であろうか。ニュー・イングランド・ジャーナル・オブ・メディシンというもっとも権威ある臨床医学誌に発表された論文によると、ノーベル賞数はチョコレートの消費量とよく一致するという[1]。二二カ国について、縦軸に人口一〇〇〇万人あたり全部門総受賞者数（創設以来二〇一一年まで）、横軸に国民一人あたりの年間チョコレート消費量（kg／年）を取ると、きれいな直線が得られる（相関係数、〇・七九一）。受賞者とチョコレート消費が一番多い国はスイスである。しかし、不思議なことに、スウェーデンは、チョコ消費が少ないのに、受賞者が多い（スウェーデンを外すと、直線性の相関係数は〇・八六二に上昇する）。このことは、ノーベル委員会が、意識して自国に受賞者を出している証拠だと、著者は主張している。このグラフから計算すると、チョコレート消費量を

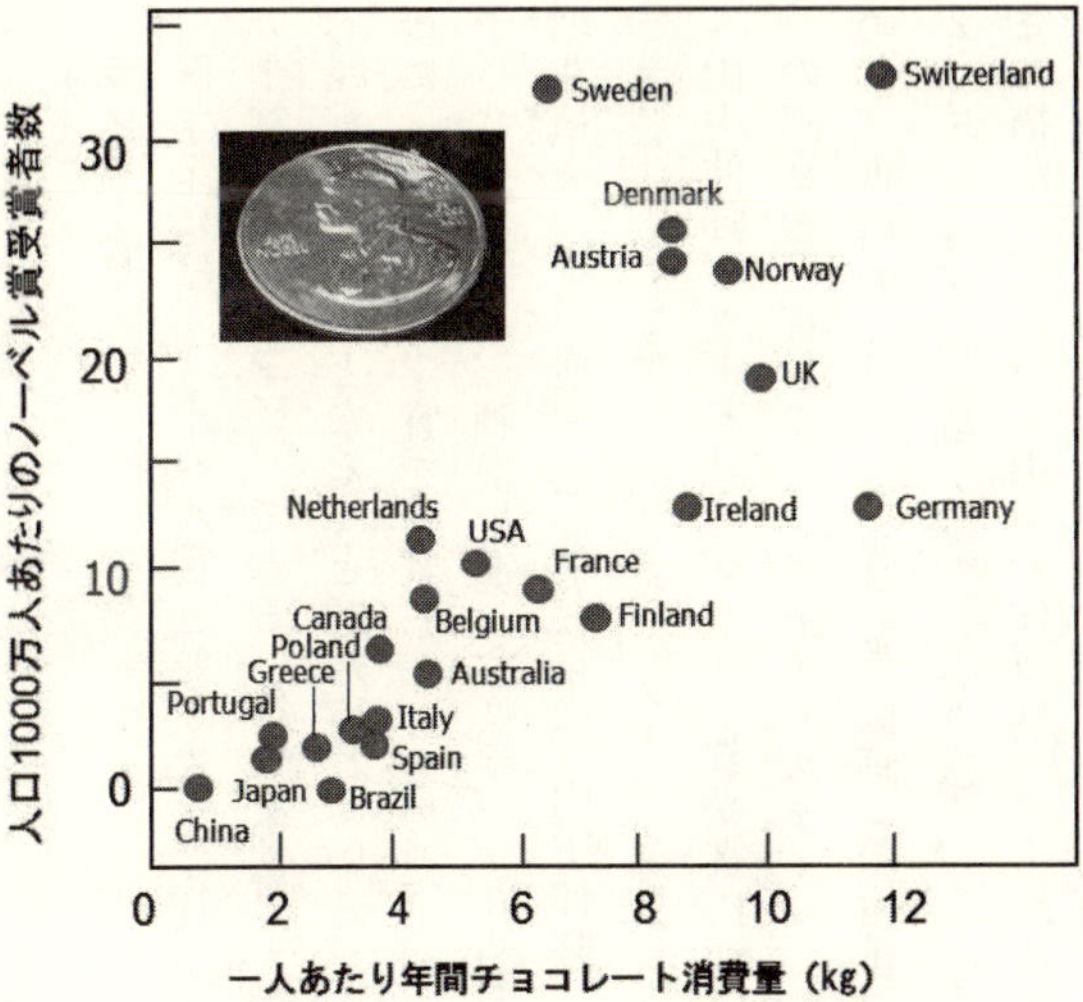

図4−1　ノーベル賞受賞者数とチョコレート消費量の間には、高い相関関係がある。2011年までの日本の総受賞者数は17人。人口（1.28億人、2011年）で調整すると、人口1000万人あたり1.3人となる。左上は、ノーベル賞メダルを模したチョコレート。ノーベル財団で購入できる

四〇〇グラム増やすと、受賞者が一人増えるという勘定になる。

ネイチャー誌によると、ノーベル賞受賞者は、明らかにチョコレートを好む傾向があるという。[2] 自然科学系と経済学の男性受賞者二三名中一〇名（四三パーセント）は週二回以上チョコレートを食べていることが分かった。この数値は、対照として調べた教育レベルの高い同じ年齢層の男性の二五パーセントと比べると、統計的に有意に高い。因みに、山中伸弥も、チョコレートが好きだという（やっぱり！）。これから、山中先生

を先頭に、みんなでチョコレートをたくさん食べることにしよう。

ラスカー賞

医学系には、ノーベル賞と並ぶ大きな賞がある。アメリカのノーベル賞ともいわれるラスカー賞（Lasker Prize）である。第二次世界大戦後の一九四五年に創設されたこの賞は、ノーベル賞の前触れとなることで知られている。ラスカー賞受賞者の八六パーセントが、同時か後にノーベル医学賞を受賞しているのだ。わが国からの受賞者には、花房秀三郎《はなふさひでさぶろう》（がん遺伝子、一九八二年）、利根川進（免疫学、一九八七年）、西塚泰美《にしづかやすとみ》（細胞シグナル、一九八九年）、増井禎夫《ますいよしお》（細胞周期、一九九八年）、山中伸弥（iPS細胞、二〇〇九年）、森和俊《もりかずとし》（小胞体、二〇一四年）がいる。このうち、ノーベル賞を受賞したのは、利根川、山中の二人である。

山中伸弥とガードンのラスカー賞受賞について、コレステロール代謝でラスカー、ノーベルの両賞を受賞しているゴールドスティン（Joseph Goldstein）は、山中の仕事を説明するために、古典的なローマ法王肖像画と、現代のイギリス人画家グレン・ブラウン（Glenn Brown）の法王肖像画を並べて見せている。その現代作家の絵には、ローマ法王が上下逆さまに描かれている。山中の仕事は、ローマ法王も逆立ちするくらい革新的だということの説明は、ウォディントンのスロープ（第一章）よりも説得力がある。

第五章　ｉＰＳ細胞以後の幹細胞

iPS細胞は、この分野の研究を一気に活性化した。ES細胞、iPS細胞に続いて、今後の幹細胞研究において大きなインパクトをもつような新しい幹細胞が発表された。この章では、iPS細胞以後に発表された新しい幹細胞を紹介しよう。

1　iPS細胞を経ない直接転換（メルトン、二〇〇八年）

たとえば、ウォディントンの山麓の村から、隣の村に行くことを想像してみよう。iPS細胞は、いわば、頂上まで一度登ってから降りるルートである。ところが、村と村を直接結ぶルートが開発されれば、ずいぶん楽になるであろう。iPS細胞の発表から二年もすると、iPS細胞を経ないで、正常細胞を別な種類の細胞に変える研究が発表された。このようなアプローチを、直接転換（direct reprogramming）と呼ぶ。初期化を経ないで、直接別の種類の細胞に転換させてしまうからである。

ハーバード大学幹細胞研究所のメルトン（Douglas A. Melton）のグループは、膵臓に直接遺伝子を導入し、消化酵素を作る細胞をインスリンを作るベータ細胞に転換することに成功した[1]。

彼らの戦略は、山中がiPS細胞を作った時と基本的に同じである。まず、膵臓に関係している転写因子遺伝子を一〇〇種類抽出し、それを九種類まで絞り込む。そのなかから、一つずつ除いた組み合わせを作り、三種類に絞り込んだ。その三種の遺伝子をウイルスベクターに組み込んで膵臓に注射したところ、三日間で、二〇パーセントの細胞がインスリンを作るように直接転換した。メルトンは、後に、ヒトES細胞、iPS細胞からベータ細胞を作ることに成功している（第九章）。

インスリン産生細胞への直接転換は、同じ細胞系列内の話であったが、二〇一〇年になると、直接転換の幅が広がった。皮膚の線維芽細胞（中胚葉由来）に、三種類の遺伝子を導入し神経細胞（外胚葉由来）

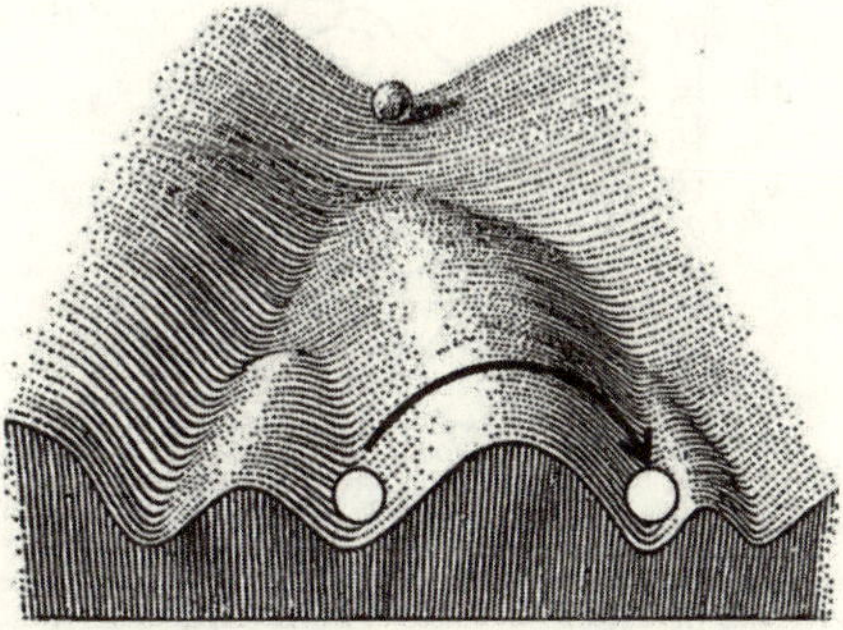

図5−1　直接転換。隣の谷に行く近道。ウォディントンのスロープを頂上まで登る（iPS細胞）ことなしに、隣の谷に直接行くルート

に転換することが可能になった。[2] さらに、皮膚の細胞を山中因子の一つＯｃｔ４で途中まで初期化を進めた後、サイトカインのカクテルを培地に加えると血液の細胞に分化することも分かってきた。[3] 京大ＣｉＲＡの妻木《つまき》範行《のりゆき》は、ヒトの線維芽細胞に、山中因子のうちの三つの遺伝子を加えることによって軟骨細胞を作ることに成功している。[4] 慶応義塾大学の家田《いえだ》真樹《まさき》は、線維芽細胞か

図５−２　幹細胞研究のリーダーの一人、メルトン。膵臓のインスリン産生を目標にしている

ら心筋細胞を直接作り、心筋梗塞を治療しようとしている（第九章）。

直接転換の幅は今後急速に広がるであろう。そのなかから新しい再生医療が生まれるのも夢ではない。

２　Ｍｕｓｅ細胞（出澤真理、二〇一〇年）

東北大学の出澤真理は、高校生の頃、検事を志していた。しかし、アメリカとドイツで義務教育を受けた彼女には、法律の日本語は難しすぎた。論理的であるにしても、簡潔、明快

とは言い難い法律の文章は、たとえ日本で教育を受けたとしても、なかなか理解できるものではない。彼女が、単純で分かりやすい自然科学を選んだのは正解であった。

出澤真理は最初循環器内科医を志した。しかし、臨床医よりも研究者に向いている自分を発見し、解剖学に専門を変更する。彼女は、骨髄間葉系幹細胞を培養しているとき、自然発生的に奇妙な細胞塊が形成される現象に度々遭遇した。見た目には、汚い細胞の塊でしかなかったが、その正体を突き止められないまま四年が過ぎた。

図５−３　Muse細胞を開発した出澤真理

二〇〇七年のある日、飲み会への誘いの電話を受けた彼女は、骨格筋細胞の培養を急いで切り上げて出かけた。翌朝、培地と間違えて、タンパク分解酵素の溶液を入れたままだったことに気がついた。栄養分もなく、細胞を溶かすようなタンパク分解酵素に一晩もつけておけば、細胞は生き伸びられるはずがない。普通であれば捨ててしまうところだが、かろうじて残っていた細胞を集めてゼラチンの上で培養した。すると、骨格筋の幹細胞だけが生き残っていた。四年間、追い求めてきたあの細胞塊も、ストレスを与えれば再現できるのではないか。出澤は、

「失敗」の再現実験に成功した。この細胞は、後に「ストレスに耐えて多系列に分化する細胞（Multilineage differentiating stress enduring cell）」という意味で「Ｍｕｓｅ細胞」と名付けられた。[5]

女神《ミューズ》は、見かけによらず、ストレスに強い。細胞を激しく振動させたり、低温、低酸素の状態においたりすると、Ｍｕｓｅ細胞ができてくる（ただし、弱酸性の状態に置く実験はしていない）。Ｍｕｓｅ細胞はなぜストレスに強いのだろうか。それは、間葉系幹細胞がどんな状況でも生き残り、組織の回復を担わなければならないからではなかろうか。

Ｍｕｓｅ細胞を分離するには、幹細胞の特異抗原（ＳＳＥＡ-３）と間葉系細胞のマーカー（ＣＤ１０５）を用いて、ＦＡＣＳという機械にかける。ヒトの皮膚、骨髄、脂肪、臍帯などの組織から分離した間葉系幹細胞から、Ｍｕｓｅ細胞を分離できる。全体の一〜数パーセントがＭｕｓｅ細胞であった。ロサンゼルスの研究者は、肥満女性患者の腹部から吸引した脂肪組織を培養し、さらに多重のストレスを加えて、Ｍｕｓｅ細胞を九〇パーセント含む細胞集団を分離した。[6]

間葉系幹細胞の分化は、多くの場合、中胚葉の細胞種（軟骨、筋肉、脂肪、血液など）に限られているのだが、Ｍｕｓｅ細胞は、ＥＳ細胞と同じように、内中外の三胚葉の細胞に分化できるし、Ｏｃｔ４、Ｓｏｘ２、Ｎａｎｏｇなど初期化に必要な遺伝子も発現している。染色体は正常である。しかし、ＥＳ細胞と違って、マウスに移植しても奇形腫を作らない。ＥＳ／ｉＰＳ細胞が無限の増殖能をもっているのに対し、Ｍｕｓｅ細胞の増殖にはヘイフリックの限界（第一章）があり、一〇ヶ月以上培養することができない。

間葉系幹細胞は、本来、一旦緩急あれば、傷害を受けたところに駆けつけ、傷を治す役割を担っている。同じように、Ｍｕｓｅ細胞も傷害を受けた場所に集まる習性がある。たとえば、心筋梗塞、劇症肝炎、脳梗塞などの命に関わるような病変を実験的に作ると、Ｍｕｓｅ細胞は傷害を受けたところに集まってくる。わざわざ、傷害場所まで連れて行ってやらなくとも、自分で飛んで行ってくれるのだから、再生医療にとってこんな都合のよいことはない。

なぜ、Ｍｕｓｅ細胞は病変部位に集まってくるのだろうか。Ｍｕｓｅ細胞に特異的に発現しているタンパク質を系統的に調べたところ、ある種の糖脂質に対するレセプターを細胞膜上に発現していることが分かった。このレセプターがＭｕｓｅ細胞の行動を決めているものと考えられている。

Ｍｕｓｅ細胞は、多分化能をもつが故に再生医療への応用価値は高く、その上、傷害部位に駆けつけるというボランティア精神に富んでいる。その一方、増殖能が低いために、治療に必要な細胞数を確保するのには時間がかかる。いま、国内外の四〇〇の施設で、Ｍｕｓｅ細胞を用いた臨床研究が行われている（第九章）。

3 ヒト卵子への核移植（ミタリポフ、二〇一三年）

カエルから始まり、ヒツジ、マウスと進んできた核移植による初期化の研究は、なかなかヒト細胞に応用されなかった。研究者が、あえてこの研究課題を選ばなかったのには、少なくとも次の三つの理由がある。第一にヒト卵子を使い、クローン人間を可能にするという倫理問題、第二に、二〇〇四年から二〇〇五年にかけての黄禹錫による捏造事件（第一〇章）が尾を引いていること、第三に、山中によるiPS細胞の登場により、あえて核移植をしなくともヒト幹細胞が得られるようになったことである。それだけに、オレゴン健康科学大学のミタリポフ（Shoukhrat Mitalipov）が、二〇一三年、核移植によるヒトES細胞を報告したとき、人々は驚きを隠せなかった。[7] サイエンス誌は、彼を二〇一三年の顔の一人に選んだ。

モスクワで学位を得たミタリポフは、一九九五年、ユタ州立大学にポスドクとして留学、一九九八年にはオレゴン大学に研究室をもつことができた。彼は、サルで慎重に実験を重ねた上で、ヒトの核移植に挑んだ。ヒトの皮膚の細胞核を卵子に入れるときには、センダイウイルスを使うなどいくつもの新しい工夫が加えられた。実際に、この実験を行ったのは、仙台から留学してきた立花眞仁《たちばなまさひと》であった。彼は黄禹錫の研究は気にもしなかったという。核移植した卵子から初期化細胞と思われる細胞が増えてきたのは、二〇一二年のクリスマス前であった。彼らは、休暇を返上して研究を続けた。その細胞が多分化能をもつことは、細胞を免疫的に寛容なマウスに注射すると奇形腫ができることで証明された。技術改良により、核移植の効率は上昇した。一人の提供者から五個の卵子が得られれば、核移植ＥＳ細胞を作ることができるようになった。

図５－４　ヒト核移植ES細胞を樹立したミタリポフ

　ミタリポフが、ヒト核移植ＥＳ細胞に挑んだのには、二つの理由があった。一つは、たとえｉＰＳ細胞があるとしても、受精卵から胚盤胞にいたる初期発生の過程を忠実にたどる核移植法の方がより自然に近いＥＳ細胞となる可能性があること、そして二番目に、ミトコンドリア疾患の治療に向けた「治療のためのクローニング（therapeutic cloning）」の可能性である。後者については、少し説明が必要であろう。

　細胞のエネルギー代謝にとって重要な細胞内装置であるミトコンドリアは、あたかも細胞内細胞のように振る舞う。ミトコンドリアは三七の遺伝子を持ち、それは母親からのみ受け継がれる。アメリカでは、ミトコンドリアＤＮＡの変異による重篤な遺伝病患者が、年間四〇〇〇人も生まれる。もし、ミトコンドリア遺伝病の母親の卵子から核だけを取り出し（つまりミトコンドリアを取り除き）、健康な卵子に移植すれば、移植された核と正常なミトコンドリアをもった卵子が作れるはずである。その卵子に体外受精を行えば、ミトコンドリア遺伝病を持たない子供が生まれるという原理である。しかし、その子供は、ミトコンドリアの母、卵子の核の母、精子の父親という三人の「親」をもつことになるので、倫理的には、これまで以上に複雑である。二〇一五年二月、イギリス国会は、ミトコンドリア遺伝病に対するこの治療法を承認した。近い将来三人の親をもつ子供がイギリスで生まれるであろう。

この方法の問題は、実験には健康なヒトの卵子が必要なことである。卵子を取るためには、ホルモン注射などの前処理をした上で入院してもらわなければならない。卵子提供者には、三〇万円から七〇万円（三〇〇〇～七〇〇〇ドル）が支払われたという。アメリカでは、このような研究に政府の予算を使うことができない。ミタリポフが、サルからヒトまで七年もかかったのは、倫理問題のためであった。その上、ヒト細胞の実験をするのには、国の予算から切り離した新たな研究室を作らねばならなかった。幹細胞研究と再生医療は、様々な倫理問題を内包している。

第六章　幹細胞とがん細胞

「世の中は、澄むと濁るで大違い」という言葉遊びがある。たとえば、「ハケに毛があり、ハゲに毛がなし」がそれに続く。同じように、幹細胞とがん細胞についても、「世の中は、澄むと濁るで大違い、幹細胞に変異なし、がん細胞に変異あり」といえるであろう。

「基本のキ」1で説明したように、幹細胞はゲノムの構造変化を伴わないのに対し、がん細胞のゲノムには変異が蓄積している。ゲノムの観点からは、まったく別な細胞ではあるが、がん細胞集団の中にも、がんの幹細胞（cancer stem cell）とも言うべき細胞があるのではないかという考えが、がん研究者の間で受け入れられつつある。さらに、遺伝子変異なしに、エピゲノムの変化だけでがんができることも、iPS細胞の研究から分かってきた。「澄むと濁る」の境目が近づいてきたのだ。この章では、そのような幹細胞とがん細胞をつなぐ研究を紹介しよう。

がん幹細胞の存在証明　（ディック、一九九四）

がん組織は、薬剤感受性、転移能、増殖スピードなどの点で、質、量において異なる細胞が混在しているヘテロな細胞集団である。このようなヘテロな細胞集団を説明するための仮説として、iPS細胞の時と同じように、凡人モデル（あるいは「確率」モデル）とエリートモデルが考えられる（第三章）。凡人モデルによれば、がんは平等な、しかし不安定な細胞社会であり、ヘテロな細胞が出現するのは、確率的な現象ということになる。エリートモデルによれば、がん細胞集団の中にヒエラルキーが存在し、そのトップに君臨するエリートがん細胞が、ヘテロな細胞を作り出すことになる。そのようなエリート細胞を、がん幹細胞と考えるのが、がん幹細胞仮説のコンセプトである。

　このどちらが正しいかは、実験的に証明するほかにない。凡人モデルがもっともらしいのは、がん細胞には、がん遺伝子、がん抑制遺伝子に加えて、ゲノム安定性に必要なDNA修復遺伝子の変異が蓄積しているという事実である。こ

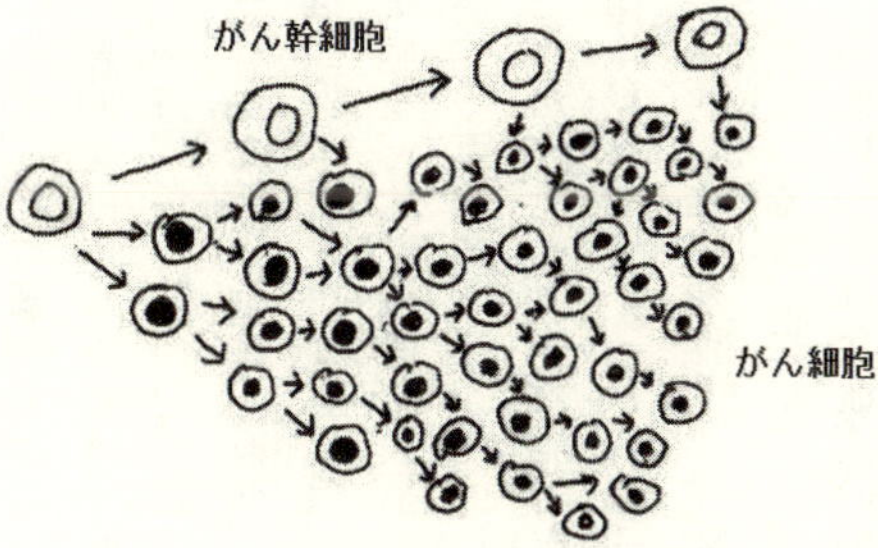

図6−1　がん幹細胞とがん細胞の増殖。がん細胞は、倍々ゲームで無制限に増殖するが、その集団の一部に、がん幹細胞が存在し、非対称分裂により、自らを維持しながらがん細胞を供給する。そのようながん幹細胞は、「ニッチ」と呼ばれる特定の場所に存在していると考えられている

のため、がん細胞のゲノムは不安定であり、常に新たな変異を作り出しているので、ヘテロな細胞集団になるのは、必然の結果といってもよいであろう。

一方、がん幹細胞仮説は、エリートがん細胞の存在を実験的に証明することで市民権を得た。がん幹細胞は、最初、ヒト白血病細胞を用いて実験的に証明された。[1] トロント大学のディック（John E. Dick）は、一九九四、九七年に、ヒト急性骨髄性白血病から分離した白血病細胞を、免疫機能を欠損したマウス（NOD／SCIDマウス）に注射して、ヒト白血病を再現する実験系を作った。しかも、たった一個の細胞でも、マウスにヒト白血病を作ることができた。そのような能力を持つ細胞は、七名の患者のすべてで、正常の造血幹細胞と同じ目印（CD34プラス、CD38マイナス）をもっていた。ディックの研究により、白血病細胞集団にも、白血病を作り出す能力を持った幹細胞が存在し、その細胞が、白血病細胞集団のヒエラルキーを作っていると信じてもよいだけの証拠がそろった。

白血病のような血液のがんについては、幹細胞仮説はそれほど抵抗がなく受け入れられた。そのような細胞は、造血幹細胞のように骨髄のどこかに密かに隠れていて、白血病を作り出しているのであろう。幹細胞のように、非対称増殖（第一章）をしているとしたら、増殖速度は遅く、その分、薬剤も効きにくいかもしれない。黒澤明の映画『悪い奴ほどよく眠る』のように、悪いがん細胞ほどよく眠っているかもしれないのだ。

しかし、がんの大部分を占める固形のがんについては、がん幹細胞はなかなか受け入れられず、仮説の状態にとどまっていた。その理由の一つは、白血病と違い、固形がんの細胞をばらばらにして実験的に取り扱うのが困難であることによる。しかし、二〇〇三年から二〇〇四年にかけて、アメリカとカナダの研究チームが、それぞれ、乳がん、脳腫瘍の一つ悪性グリオブラストーマから、がん幹細胞を同定し、その細胞膜表面の目印（乳がんCD44、脳腫瘍CD133）を同定した。[2、3]

脳腫瘍幹細胞

二〇一四年になると、がん幹細胞の存在を支持する有力な研究が発表された。ハーバード大のグループは、ディックが白血病で用いた戦略を用いて、グリオブラストーマからがん幹細胞を分離した。[4] グリオブラストーマの幹細胞は、免疫不全マウスに注射するとコロニーを形成し、幹細胞の細胞表面マーカーを発現していた。がん幹細胞の遺伝子を系統的に調べた結果、四種類の転写因子遺伝子（POU3F2、Sall2、Sox2、OLIG2）が同定できた。それらの四つの遺伝子を、iPS細胞の作成と同じように、脳腫瘍細胞に導入したところ、がん幹細胞が再現できたのである。しかも、そのプロセスは、正常の幹細胞の時と同じように、遺伝子構造の変化を伴わないエピジェネティクな変化であった。この四種類の転写因子がそろって発現している細胞は、患者によって異なるが、二〜七パーセントの範囲であった。つまり、そのくらいのパーセントの細胞が、がん幹細胞であろうと考えられる。さらに、これらの四つの転写因子が、正常細胞のなかでどんな役割をしているかが分かれば、その発生の謎に一歩迫ることができるであろう。この研究によって、がん幹細胞仮説は、信頼できるコンセプトへと、大きく前進したと言ってもよい。

二〇世紀半ばに活躍したアメリカのジャーナリスト、ジョン・ガンサー（John Gunther、一九〇一〜七〇）は、一七歳の息子を脳腫瘍で亡くした。そのことを書いた回想録『死よ驕るなかれ』は、彼の得意とする内幕ものと並んで広く読まれている。(5) 息子の脳腫瘍は、もっとも悪性なことで名高いグリオブラストーマであった。それ以来今日まで、この超悪性の脳腫瘍にはほとんど治療法がなかったが、この研究で新しい治療法が生まれる可能性が出てきた。これらの転写因子の作用点を抑えると、グリオブラストーマのがん幹細胞が死滅したのである。

山中因子とがん

がん幹細胞を実験的に作れないであろうか。誰もが考える実験は、がん細胞に山中因子を導入することである。神戸大学の青井《あおい》貴之《たかし》らは、ヒト大腸がん細胞に、c-Mycを除いた山中因子、すなわちOct4、Sox2、Klf4を導入したところ、がん幹細胞の特徴を持つ細胞ができたことを報告した。[6] しかし、ヒトのがん細胞には、山中因子の遺伝子を発現している細胞はほとんどない。山中因子の発現が、がん細胞でも幹細胞の指標になりうるかについては、慎重に判断する必要がある。

エピジェネティクスでがんを作る

京大CiRAの山《やま》田《だ》泰《やす》広《ひろ》は、山中因子の遺伝子に工夫を加えて、ドキシサイクリン（DOX）という薬剤を飲ませたときだけ、体内で山中因子が発現するようなマウスを作った。DOXを四週間連続で飲ませると、体の至る所で山中因子が発現し、体中の組織内にiPS細胞ができてきた。このiPS細胞は、内中外の胚葉に分化し、奇形腫を作った。これは予想通りの結果である。ところが、DOXを一週間だけ飲ませて、中途半端に初期化してみたところ、予想もしていなかったことに、腎臓、肝臓、膵臓に、奇形腫とはまったく異なる腫瘍ができて

図6−2　変異なしに、エピジェネティクスで腎臓がんを作った山田泰広

きた。そのうちの腎臓腫瘍は、子供にできる腎芽腫（ウィルムス腫瘍）という腫瘍とそっくりであった。ヒトのウィルムス腫瘍には、WTというがん抑制遺伝子が関与しているのだが、この方法で作った腫瘍には、WTも含めて遺伝子の変異はなかった。つまり、エピジェネティクスの変化だけでがんができたのである。[7]

この腫瘍から分離した細胞に、通常の方法で山中因子を加えてiPS細胞を作り、キメラマウスにすると、ちゃんとした腎臓となった。正常からがんへ、がんから正常へと、細胞は澄んだ世界と濁った世界をまたいで旅をしてきたことになる。

実は、私が岐阜大の学長をしていたとき、山田泰広は医学部の講師であった。私は、毎週金曜日の朝八時から、彼の所属する病理学教室のジャーナルクラブに参加して、最新のがんに関する知識を吸収しようとしていた。彼が、イエーニッシュのポスドクから帰ってきて間もなく、三八歳の若さで、京大CiRAの教授に選ばれたと聞いたとき、私はそれほど驚かなかった。

第七章　シャーレのなかに組織を作る

試験管の中ではよく増える小さな細胞にすぎないが、体のなかに入るとＥＳ／ｉＰＳ細胞は、特定の細胞に分化し、機能が最大限に発揮できるように配置された三次元の緻密な構造を作ることができる。いま、組織形成という生物学の基本的命題への解答が、ＥＳ／ｉＰＳ細胞の研究から得られつつある。まだ完全ではないにしても、脳、脳下垂体、眼、腎臓、胃、肝臓、心臓などの臓器をシャーレの中で作れるようになったのだ。この分野における日本の研究、特に若手の研究者の活躍には目を見張るものがある。サイエンス誌は、二〇一二年の十大ブレークスルーの一つとして、精子と卵子をシャーレの中で作った斎藤通紀《さいとうみちのり》を選んだ。二〇一三年のブレークスルーには、シャーレ内のミニ器官を作った三つの研究を取り上げたが、そのなかには西中村隆一《にしなかむらりゅういち》によるミニ腎臓と、谷口英樹《たにぐちひでき》による肝臓の芽が入っている。

シャーレの中に組織を作る研究は、その次の段階として、再生医療（第九章）につながっている。人々は、再生医療という研究の「出口」ばかり期待しているが、その前に、この章で紹介するような基礎的な研究があり、さらにその前には、二〇年もの間イモリを採取しつついに発生の誘導物質であるアクチビンを同定した浅島誠がいることを忘れてはならない。応用を重視するあまり、上流の基礎研究をおろそかにすると、出口から出る水は涸れてしまうであろう。性急にイノベーションを求め、出口ばかりを強調する政治家、官僚、学者たちは、基礎研究の重要性を再認識してほしい。

この章では、最初に、細胞の運命を決める基本的メカニズムと、分化した細胞あるいは分化しつつある細胞が集まって自己組織化するプロセスを理論的に考察したい。次いで、ES／iPS細胞を用い、シャーレの中で組織を作る最新の研究を紹介しよう。

1　細胞の運命を決める

細胞の運命はどのようにして決められるのだろうか。胚盤胞の内部細胞塊の細胞やES／iPS細胞は、すべての細胞に分化し得るポテンシャルをもっているが、どのようなメカニズムによって細胞の運命が決まるのだろうか。マウスなどほ乳類では、子宮に着床してから分化が進行するので、早期胚を実験的に操作することができない。そこで実験材料として使われているのが、イモリやカエルなど両生類の卵である。八〇〇〇個くらいの細胞まで大きくなった早期胚であれば、サイズも大きく、手術などの実験操作もできるし、個体になるまで観察することができる。

分化のオーガナイザー（シュペーマン、一九二四）

ドイツ・フライベルグ大学で、大学院生のヒルデ・マンゴルド（Hilde Mangold、一八九八〜一九二四）は、毎日、顕微鏡の下で、イモリの早期胚の手術をしていた。黒いイモリの早期胚の一部を切り取っては、白いイモリの早期胚に移植するという実験であった。膨大な実験の結果、早期胚の特定の部分は、移植した先がどこであろうと、頭部や胴尾部の発生を誘導することができることが分かった。彼女のボスのハンス・シュペーマン（Hans Spemann、一八六九〜一九四一）は、その部分をオーガナイザー（形成体）と名付けた。換言すれば、体のどこになるかは最初から決まっているのではなく、オーガナイザーという形作りの司令塔によって決められるという考えである。その論文は、一九二四年に二人の名前で発表されたが、マンゴルドは論文発表の二ヶ月前に自宅で大やけどをし、死亡した。シュペーマンは、オーガナイザーの発見により、一九三五年にノーベル医学賞を受賞している。

図7−1　組織形成の司令塔、オーガナイザーを発見したシュペーマン。1935年ノーベル医学賞受賞

しかし、大きな謎が残っていた。オーガナイザーはどのようにして、細胞の運命を決めるのか。何か物質を出すのか。もし、誘導物質があるとしたら、それは一つの物質か、それとも複数の誘導物質が、状況に応じて分泌されるのか。この謎に挑んだのが浅島誠である。シュペーマンの発見から七〇年近く経った一九九〇年、浅島はついに誘導物質を発見する。

アクチビンによる分化誘導（浅島誠、一九九〇）

浅島誠は、佐渡の自然の中で生まれ育った。[1] 小学校四年生の時、親から畑を与えられ、ナスやスイカを自分で植えた。中学の時、羽を広げると一メートルにもなる朱鷺色《ときいろ》のトキに感動した。カエルの卵が一斉に孵《かえ》って、オタマジャクシになって泳ぎ出す。その瞬間に感動した。山に行けば、メノウや黒曜石がごろごろ転がっている。佐渡で自然を教師として育った浅島は、高校の教師を目指して、東京教育大学（現筑波大学）の理学部動物学科に進学する。

図7−2　18年かけて、オーガナイザーの誘導物質、アクチビンを同定した浅島誠

大学院で研究を始めようとしていたとき、神田の古本屋で、『発生生理学への道』というシュペ

ーマンの自伝に出会った。感動した浅島は、シュペーマンの誘導物質を研究テーマにしようと決めた。オーガナイザーの発見からすでに五〇年近く経っていたが、オーガナイザーから分泌されるであろう誘導物質は、その存在すらも分からないままであった。特定の誘導物質などはないと考える人も多かった。誘導物質を研究しても、学会でも相手にされないし、研究費ももらえないと、浅島は忠告された。

大学院を修了しても就職口がないまま、浅島は、一九七二年、ドイツのティーデマン(Heinz Tiedemann)の下に留学した。ティーデマンは、四〇年間も根気よく誘導物質を探し続けていた。ドイツでも、浅島は、佐渡の少年時代と同じようにイモリを採り、胚を手術し、誘導物質の分離を続けた。一般的に「もの取り」といわれる実験には、優れた技術と根気と工夫が必要である。目的とする生物学的活性を目印に、分子量や荷電などの一般的な性質によって「もの」を精製する。最後に得られたごく微量のタンパクのアミノ酸配列を調べ、それを目印に、遺伝子をとる。遺伝子からもう一度タンパクを作り、生物学的活性を確認する。ゲノム時代に入った今、「もの取り」は、少しは楽になってきたが、やる気と根気と工夫が必要なことに変わりない。

一九七四年、浅島は横浜市立大学の助教授として帰国するが、研究環境はあまりに貧しかった。中古の風呂桶にイモリを飼い(あまり想像したくない風景ではあるが)、中古の冷蔵庫を探し、実験ベンチを手作りして、目的に向かって「もの取り」を続けた。誘導物質を求めて、ヒキガエルの皮、フナの浮き袋などを次々にテストしたが、最後に、ヒト白血病細胞の培養液中から精製することができた。誘導作用のある物質は、予想もしなかったことに、脳下垂体ホルモンの一つ、アクチビンであった。論文は、一九九〇年二月に発表された。驚いたことに、同じ年の六月にはイギリスとオランダのグループが、八月にはハーバードのグループが、それぞれ誘導物質はアクチビンという論文を発表した。熾烈な競争における浅島のプライオリティは、国際的に認められている。

アクチビンは、脳下垂体で作られる卵胞を刺激するホルモンであるとして、その二年前に報告されていた。同じ物質が、発生の初期には分化の方向を決める重要な働きをしていたのである。しかも、一つの物質が、濃度によって、様々な方向への分化を誘導することが分かった。たとえば、〇・五ナノグラム（ナノグラムは、一〇億分の一グラム）では、血球を誘導するが、その一〇倍では筋肉、二〇倍では腎臓、一〇〇倍では心臓、二〇〇倍では肝臓が誘導される。その作用は、イモリ、カエル、マウス、ヒトに至るまですべての生物に共通である。シュペーマンが一九二四年にオーガナイザーを発見してから六六年、浅島が彼の本を読んで感激してから二一年、浅島の執念がついに遂げられたのである。

浅島は、彼の原点と言うべき新潟に学生を連れてイモリを採りに出かける。「こんなに大変な思いをするより、業者から買えばよいのではないですか」と学生に言われたことがあるという。網の中には、タガメ、ドジョウ、ミズスマシ、アメンボがいっしょに入ってくる。イモリがどんなところで、どんな生物と一緒に生きているかを知ることが大切だと、浅島は学生たちに説明した。今、最先端のライフサイエンスを研究している人たちは、自然に触れることがない。実験動物も、実験機器も、試薬も、反応液もすべて市販されている。自然と生物に触れない生物学の将来に、浅島は危機感を覚える。

アクチビンの発見は、一気に発生生物学の分野を活性化した。イモリやカエルをさわったことも見たこともない分子生物学者が参入し、発生の過程は、分子の言葉で説明されるようになった。ES／iPS細胞を試験管内で分化させようとするとき、最初に培地に加えるのは、多くの場合、浅島誠の発見したアクチビンである。さらに、レチノイン酸（ビタミンA誘導体）、サイトカイン、増殖因子などを組み合わせた培地の中で培養し、数段階を経て、目的通りに分化した細胞を得ることができるようになった。ES／iPS細胞による再生医療は、このような地道な研究によって初めて可能になったことを忘れてはならない。

コーディンによる体軸決定（笹井芳樹、一九九四）

笹井芳樹の留学は、とんでもない災難で始まった。サンフランシスコ空港で、パスポートと千ドルを超すキャッシュを全部盗まれてしまったのである。しかし、彼はめげなかった。デ・ロベルティス（Edward M. De Robertis）の研究室で実験を始めて一ヶ月後には、コーディン（chordin）という重要な遺伝子を分離し、セル誌に発表した。[2] コーディンは、カエルの発生の際、体軸の決定に決定的な役割を果たしている。その作用は、アクチビンの支配下にあることから、シュペーマンのオーガナイザーの一つと考えられる。コーディンを胚に注射すると、体軸がだぶったり、頭が二つあるカエルが生まれるところから、正しい時に、正しい場所でコーディンが発現するのが、発生にとって大事なことが分かった。これまでに、オーガナイザーとして約二〇種の分子が知られている。

コーディンは、脳の分化にも関わることが分かった。このような分子レベルの研究を重ねながら、脳の発生に興味をもつようになった笹井は、ES／iPS細胞を手中にすると、「ブレイン・メーカー（brain maker）」と呼ばれるようになっていった（後述）。

図7−3 「ブレイン・メーカー」、笹井芳樹

2　自己組織化

医学部に入学して最初に教わる解剖学は、二つの意味で重要である。一つは、医学教育にとって何よりも大事なのは暗記力であることを、数学、物理の得意な学生たちに知らしめること。第二は、体と組織の構造を徹底的にたたき込むことである。解剖学の強烈なインプリンティングにより、私は今でも、フランス料理でリ・ド・ボー（ris de veau）が出ると、リンパ球が詰まった胸腺の組織像が頭の中に浮かんでくる。腎臓の料理が出ると、糸球体と尿細管の姿が見えてくる。とたんに食欲がなくなるというものである。

組織標本を顕微鏡で見た人は、その芸術的とも言うべき、美しく緻密な造形に感動するであろう。肝臓の組織は、都市計画の行き届いた街並みのようである。ヨーロッパの町の中心に教会があり広場があるように、中心には消化管から栄養物を集めてきた「中心静脈」があり、そこから放射線状に肝細胞の家々が並んでいる。肝細胞の家々の脇には毛細血管が流れ、家々の間に配置された胆管に胆汁を排出する。直径二ミリにも満たないこのような基本単位（「肝小葉」という）が、たくさん集まって、一キロ以上の重さの肝臓が作られるのだ。

では、どのようにして肝臓ができてくるのであろうか。肝細胞や血管など一つ一つのユニットが集積し、一つのまとまった組織となる。つまり、自己組織化（self-organization、self-assembly）によって三次元の肝臓という器官が作られる。生物は、すべてがこのような自己組織化によってできていると考えてよい。理論的に考えればどういうことなのだろうか。

負のエントロピー（シュレディンガー、一九四四）

生命現象を熱力学的に理解するのは難しい。普通に考えれば、熱力学の第二法則により、エントロピー（entropy）が増大し続け、無秩序に向かうので、自己組織化など起こらないはずである。しかし、現実には、すべての生物は、秩序だった構造の自己を保ちながら、代謝し、繁殖する。そして、死を迎えた途端、エントロピーは最大限に達し、すべてが発散し、消滅してしまう。生命は、物理学者にとって、理解しがたい謎であった。

図7−4『生命とは何か』のなかで負のエントロピー説を唱えたシュレディンガー

一九三三年にノーベル物理学賞を受賞したシュレディンガー（Erwin Schrödinger、一八八七〜一九六一）は、DNAの構造が明らかになる九年前の一九四四年、『生命とは何か』という本を著した。(3)

その第六章「秩序、無秩序、エントロピー」で、これらの問題が考察されている。生物が生きているのは、周囲の環境から「負のエントロピー」を「食べ続け」ているからだと、シュレディンガーは説く。生物が生きているが故に増大するエントロピーを「負のエントロピー」によって相殺することにより、エントロピーの状態を一定に保ち、「エントロピー最大の平衡状態＝死」に至らないようにしているという。自己組織化は「負のエントロピー」の賜《たまもの》かもしれない。しかし、残念なことに、エントロピーの議論を繰り返しても、物理学者の術中にはまるだけで、生物の自己組織化についての新しいアイデアは生まれてこない。この辺で、エントロピーの呪縛から離れた方が良さそうだ。

複雑系

同じ物理学の概念のなかでも、「複雑系（complex system）」の方が、エントロピーよりも具体的で分かりやすいし、生物学者にとっては現実的な力となり得る。といっても、生物は複雑だなどという表面的な複雑さ（complexity）を言っているわけではない。複雑系は、その本質における複雑さを指すのである。それは、生命現象だけでなく、経済、生態、情報などあらゆる分野に適応できる概念である。

複雑系には様々な定義がある。一番分かりやすい定義は、「複雑系は複雑すぎて定義できない」であるが、これでは無責任すぎる。定義としては、「決定論的な系において起こる確率論的な振る舞い」というのが最も一般的であろう。あるいは、「もっぱら法則によって支配されながら、法則性のない振る舞い」と言ってもよい。ゲノムによって決定論的にすべてが決まっているのではなく、そのなかで法則性にしばられない確率的な現象が生まれるということである。それは、ゲノムのような単一の要素にすべてを還元する「要素還元主義（reductionism）」の限界を意味している。「全体は部分の総和ではない」という言い方もできる。いくつもの部分が集まるとき、それらの間の相互作用によって、予測できないようなことが起こってくることがある。複雑系の科学では、それを「emergence」と呼ぶ。日本語では「創発」と呼んでいる。

創発生物学（笹井芳樹、二〇一三）

理研CDBの笹井芳樹は、二〇一三年一月、ネイチャー誌に、「組織の自己組織化における細胞システムのダイナミックス」という総説を発表した。[4]彼自身の自己組織化実験（後述）を、複雑系の概念により理論的に考察したこの総説は、これからも長く読まれることであろう。さらに、笹井は、STAP細胞に翻弄される中で、「創発生物学への誘い」という総説を、『実験医学』という雑誌に六回にわたり連載した。[5]

笹井によると、自己組織化は、①自己集合（self-assembly）、②自己パターン形成（self-patterning）、そして③自己駆動型形態形成（self-driven morphogenesis）の三つの段階を経て進行するという。

自己集合の段階では、同じような細胞が集まり、層を形成してくる。たとえば、上皮細胞と神経細胞をばらばらにして再凝集させると、上皮細胞は外側に集まり、神経細胞は内側に集まってくる。さらに、細胞間の相互作用によって組織に特徴的なパターンを形成するようになる。この段階は、「創発」の一つの例と言ってもよいであろう。

さらに進むと、三次元の構造を形成して、自己組織化は最終段階の自己駆動型形態形成に入る。しかし、この段階のメカニズムはほとんど分析されていない。笹井は自らの実験から、形態形成は、システムが内包する力により、自己駆動（self-driven）に進むのだという。ネイチャー誌のインタビューに答えて、笹井は、日本の仲人（Japanese match maker）にたとえた。初対面の二人を結びつけようと思ったら、外野があまりうるさく言わず、二人だけでそっとしておくのがよいのだ。

3　ブレイン・メーカー（笹井芳樹、二〇〇八、二〇一一、二〇一二）

自己組織化は、ダイナミックでありながらデリケートなプロセスであるのは確かだ。いま、そのプロセスが、ES／iPS細胞を用いて、ヒトの細胞で再現可能になった。笹井芳樹の研究から、その具体例を紹介しよう。

笹井芳樹の創発生物学は、彼自身の研究に裏付けられている。笹井は、二〇〇八年から二〇一二年にかけて、ES細胞から脳の視床下部を作り[6]（二〇〇八）、大脳皮質を作り[7]（二〇〇八）、脳下垂体を作り[8]（二〇一一）、網膜を作った[9、10]（二〇一一、二〇一二）。それまで、誰もできなかったし、できるとも思っていなかったようなことを次々に成し遂げたのだ。これらの論文の大部分（四編）は、ネイチャー誌のアーティクル（Article、巻頭論文）として発表されている。ネイチャー誌は、彼の大きな写真と共に載せられた三ページのインタビュー記事のなかで、「幹細胞が何になりたいかをくみ取る特別な才能を持つ」ブレイン・メーカーとして笹井を賞賛した[11]。

脳を作る

ES細胞から脳を作ったというと、培養法に様々な工夫を凝らしたのではないかと思うかもしれない。しかし、笹井芳樹のとった戦略はその逆であった。なるべく手を加えないで、細胞に好きなように振る舞わせて、自己組織化する機会を作ってやったのである。それは、彼が言うように、ベテランの仲人の心得であった。まず、ES細胞は、シャーレの底に付着せず、細胞塊として浮いている状態にする。培地の栄養も生きていくだけの最小限にした。余計な増殖因子も加えずに放置したところ、神経前駆細胞を含む細胞の塊「脳ボール」ができてきた。[6、7] つまり、ES細胞は放置しておけば「デフォルト」で、神経に分化するのである。

笹井は、二〇一一年、デフォルトの神経分化を制御する遺伝子を分離した。[12]

外部からの刺激を完全に遮断した状態で「脳ボール」を培養すると、脳の視床下部（脳の深部にある自律機能の中枢）と似た細胞になっていることを発見した。しかし、増殖因子が少しでも存在すると、大脳皮質細胞へと分化し始める。そのままで二週間も培養すると、皮質細胞が自発的に四層からなる層構造を形成し始めたのだ。しかも、生まれたばかりのマウスの脳に移植すると生着《せいちゃく》した。

小脳を作る

小脳は、大脳の後ろ側に置かれた、運動などを司る大事な臓器である。カリフラワーのような外観も特徴的であるが、顕微鏡で見ると、プルキンエ（Purkinje）細胞という、見事な枝振りの樹状の細胞が並んでいる。脳の中では、最も印象に残る形をした細胞である。

二〇一五年、理研CDBの研究者たちは、笹井の原理を駆使して、ES細胞からプルキンエ細胞を作ることに成功した。[13] シャーレの中に作られたプルキンエ細胞は、電気刺激に反応するなど、脳の細胞としての機能をもっている。彼の存命中に始まったであろうこの論文には、笹井の名前が入っている。彼の死を乗り越え、若い研究者たちが育っていることが分かる。笹井の遺志は受け継がれている。

脳下垂体を作る

脳下垂体は、その名前からは想像できないかもしれないが、実は全身のホルモンの司令塔である。胎生期、視床下部に近接して、まず、袋状の構造が作られ、さらに脳下垂体へと進行する。脳下垂体を作るためには、外から少し後押しをしなければならなかった。「ソニック・ヘッジホッグ」という名前のシグナル伝達系を促進し、ノッチというシグナルを抑えてやった。このようにしてシャーレの中で作った脳下垂体は、ホルモンを分泌していた。それを確認するため、脳下垂体を破壊したマウスに移植したところ、マウスは正常に生き続けることができた。[8]

図7−5　ES細胞から作ったプルキンエ細胞。このように複雑にして高度な細胞をシャーレの中で作れるようになった

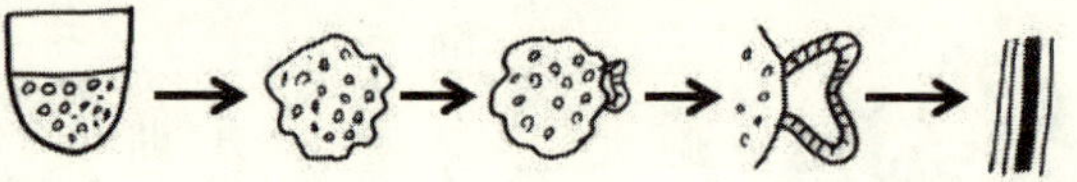

図7−6　目を作る。ES/iPS細胞を簡単な培地で培養する。2〜4日、細胞は塊となり、デフォルトで神経前駆細胞に分化し、胚様の構造を作る。6〜7日、将来網膜となる細胞層が風船状に突出してくる。10日目、細胞層が内部に落ち込み、眼杯を作る。24日、眼杯を切り取って新しい培地に放置すると、網膜の全層が形成される

脳下垂体に異常をもつ人は三〇〇〇〜四〇〇〇人に一人の割合で生まれるという。そのような患者からiPS細胞を分離し、脳下垂体まで分化させれば、再生医療が可能になるであろう。

網膜を作る

笹井は、脳ができるのであれば、網膜もできるのではないかと考えた。網膜は、胎児期の脳から袋状にふくらんだ後、引っ込んで、凹型半円形の「眼杯（optic cup）」となる。笹井は網膜の前駆細胞が発現すると緑色に光るような細工をして、「脳ボール」の細胞塊から網膜ができてくるのを待った。増殖因子とマトリゲルという基質を加えると、細胞の塊から風船のように緑色に光る細胞の層がふくらんできて、しばらくすると、それが凹んで眼杯になることが分かった。二週間もすると、眼杯の網膜には、四層からなる細胞層ができてきた。そのうちの一つは視細胞であった。[9、10]

ロンドン大学カレッジの眼科医、アリ（Robin Ali）は、笹井芳樹の論文を査読したとき、興奮して、論文を手に部屋の中を駆け回ったという。論文に添付されている動画には、ゆっくりと花開くように成長していく眼杯が映っていた。[14]

笹井は、マウスに続いてサルそしてヒトの網膜を作った。技術的には基本的にマウスと同じであるが、いくつかの微調整を加えた。ヒトの眼杯はマウスのそれより大きく、厚く、作るのにもマウスより三倍近くの時間がかかった。マウスと同じく、網膜は四層からできていた。ヒトの視細胞ができたことにより、将来視細胞の異常による盲目（たとえば、網膜色素変性症、第九章）への再生医療の道が拓かれたことになる。

英語では驚くことを「目玉が飛び出すような（eye-popping）」というが、シャーレの中でES細胞から眼杯を作るなんて、まさにそのような実験であった（言うまでもなく、日本語では、同じ意味でも特殊な状況でしか使わない）。

国立成育医療研究センターの東《あずま》範行《のりゆき》は、二〇一五年、笹井の方法をさらに発展させ、神経線維（軸索）が伸びた視神経細胞をiPS細胞から作ることに成功した。[15]しかも、光に反応して、神経線維には電気が流れる。その電気シグナルが脳に届けば、光を感じ、ものを見ることができるようになるかもしれない。笹井の開発した技術は確実に発展しつつある。

惜別　笹井芳樹

ブレイン・メーカーとして世界の発生生物学者から尊敬され賞賛を一身にあびていた笹井芳樹が、二〇一四年八月五日、自ら命を絶った。STAP問題における彼の責任が大きいのは確かだが、逆境を乗り越えて、自らを「創発」してほしいと願っていた。それなのに、なぜ死ななければならなかったのか。なぜ、理研は彼の悩みを共有し、追い詰められる前に防げなかったのか。それにしても、なぜ、彼はSTAP細胞にそんなに取り込まれてしまったのか。論文を書くという高度の知能活動の中で、なぜ、笹井はSTAP細胞の虚構を見抜けなかったのか。彼の明晰な分析力と並外れた実行力を知るものとしては、いまだに信じられない思いである。

笹井芳樹のカリフォルニア大学における師のデ・ロベルティスは、彼への愛情と尊敬を込めた追悼文をセル誌に投稿した。[16] STAP事件により、われわれはかけがえのない頭脳を失ってしまった。惜しんで余りある。

4　ミニアチュア脳を作る（ノブリヒ、二〇一三）

二〇一三年になると、脳のミニアチュア版も作り、シャーレの中で数ヶ月も維持できるようになった。オーストリア科学アカデミーのノブリヒ（Jürgen A. Knoblich）のグループは、ヒトES細胞を笹井の原理（あるいは仲人の原理）にならって培養したところ、大きさ四ミリメートルのヒト大脳をシャーレの中で作ることに成功した。[17] ミニアチュア大脳は、本物の大脳と同じように、一番外側には大脳皮質があり、その下にはニューロンの前駆細胞がある。中央には脳室がある。網膜もできかかっている。網膜には、色素上皮細胞に相当する茶色の細胞層が見える。その上、脳脊髄液を作る装置（脈絡膜）もできていた。神経伝達物質に反応して電気スパイクも観察された。ミニアチュア脳には、栄養を補給するための血管はないが、それでも栄養分を循環させた培養の中で数ヶ月維持できた。

小頭症という病気がある。脳が普通よりも小さく、それ故に様々な症状を伴う。オーストリアのグループは、小頭症の患者から皮膚の細胞を培養し、山中因子によってiPS細胞を作った後、同じ方法で、ミニアチュア脳を作った。小頭症の原因遺伝子も引き継いだiPS細胞から作った大脳は、明らかに神経細胞分化の異常があった。

5　胃を作る（ウエルズ、二〇一四）

シンシナチ小児病院（アメリカ・オハイオ州）のウエルズの研究グループは、胃のミニアチュア版をヒトＥＳ細胞とヒト・ｉＰＳ細胞から作ることに成功した。様々な増殖因子を巧みに組み合わせて培養すること五週間で、直径三ミリほどの小さな胃を作った[18]。小さいながらも、ちゃんと管腔を作り、少なくとも八種類の細胞から構成される胃の粘膜を作っている。ただし、できたのは、全部の胃ではなく、出口に近い幽門洞（pyloric antrum）という部分である。胃酸と消化酵素を作る胃の入り口に近い部分はまだできていない。

ウエルズたちは、このミニアチュア胃に、胃潰瘍と胃がんの原因となるピロリ菌を感染させてみた。菌は、胃粘膜の細胞に感染し、胃がんを作るとされている遺伝子（ｃａｇＡ）により、粘膜上皮の増殖を誘導した。胃がんの最初のステップをミニアチュア胃で再現するのに成功したのである。このようにして作った胃には、血液細胞も免疫細胞もないので、感染に無防備の状態である。それだけに、感染モデルとしての応用価値があるであろう。

6　腎臓を作る（西中村隆一、二〇一四）

腎臓はいうまでもなく、体の老廃物を外に排泄する臓器である。血液を濾過する装置が糸球体である。濾過された血液中の水分は、長い尿細管を通過する間に、グルコースや塩分などの栄養分が再吸収される。糸球体から尿細管へと続く一続きの管（ネフロンという）が、腎臓には一〇〇万個くらいパックされている。フィルターと再吸収装置が働かなくなると、体はむくみ、老廃物が体内にたまってくる。

腎臓の病気は、自覚症状もないまま発病し、静かに進行する。一度低下した機能は元に戻ることがない。腎臓が機能を失うと、一生人工透析を受けるか、移植しかない。今、わが国の透析患者は三一万人（四〇〇人に一人）、透析の総医療費は一兆円に上る。iPS細胞から腎臓が作れたらと誰しもが思う。しかし、腎臓には分からないことが多すぎた。何よりも、腎臓の前駆となる細胞もよく分かっていない。世界の研究者が、腎臓作りの一番乗りを目指して、研究を進めていた。

私が東京大学を定年になる四年前の一九九二年、西中村隆一（現熊本大学）は、東大医科学研究所の分子生物学研究室に大学院生として入学した。ジーパンにTシャツ、首からストップウオッチをぶら下げ、スニーカーという生命科学系大学院生スタイルの彼に、生協の食堂で会っていたであろう。

発生のオーガナイザーとしてのアクチビンを同定した浅島誠は、一九九三年、腎臓を誘導するのには、アクチビンの他にレチノイン酸（ビタミンA誘導体）が必要なことを発見した。腎臓内科医から研究者に転向した西中村は、カエルの系を使えば、腎臓の発生に必要な遺伝子を分離できるのではと考えた。浅島と共同でカエルの遺伝子を調べ、それを手がかりにマウスの遺伝子を分離した。二〇〇一年、そのようにして分離した遺伝子（Ｓａｌｌ１）をノックアウトしたところ、腎臓のないマウスが生まれた。Ｓａｌｌ１が腎臓の発生に重要な働きをしていることが明らかになった。二〇〇六年には、この遺伝子を手がかりに、腎臓の前駆細胞を同定した。この前駆細胞から、腎臓の基本的な構成単位である糸球体や尿細管ができてくるのも確認した。

しかし、ＥＳ／ｉＰＳ細胞から、腎臓を作るためには、腎臓前駆細胞に至る一つ一つの道筋を明らかにしなければならない。腎臓前駆細胞の一つ前の段階の細胞は、「中間中胚葉」と教科書に書かれていたが、いくら実験しても、「中間中胚葉」細胞から「腎臓前駆細胞」はできてこなかった。学位論文に間に合わないと焦った大学院生の太口敦博《たぐちあつひろ》は、中間中胚葉の分離の過程で捨てていた細胞を使ってみた。その細胞は、「体軸幹細胞」という、下半身を作る細胞であった。体軸幹細胞に特異的な遺伝子にラベルし、そのラベルを頼りに細胞を分離し、そこから腎臓前駆細胞を誘導した。根気のいる実験を重ねながら、彼らはついに、世界で初めてマウスＥＳ細胞から腎臓を作ることに成功した。

血液を濾過するためには、糸球体に血管が入っていなければならない。仕上げは、動物の体を借りねばならなかった。シャーレの中で作った腎臓を移植したところ、糸球体に血管が入ってきた。しかし、血液が濾過されて、尿ができるところまではできていない。

論文を投稿したところ、ヒトの腎臓も追加するよう注文がついた。マウスと同じ方法によって、ヒトiPS細胞からも腎臓を作ることができた。論文は、オンラインで二〇一三年に発表された。世界で初めて、シャーレの中で腎臓を作ることに成功したのだ。[19] 西中村隆一が、カエルの腎臓から遺伝子をとってから一八年。根気よく、一つ一つの困難を乗り越え、時には発想を転換して、ついにヒトiPS細胞からヒトの腎臓を作ったのである。

7　肝臓を作る（谷口英樹、二〇一三）

わが国は、移植後進国である。移植が必要な患者は多いのに、移植のための臓器は、ほとんど手に入らない。一九九七年に臓器移植法が制定されてから一五年以上になるのに、脳死患者からの臓器提供は二八二名、肝臓移植は二四〇例に過ぎない（二〇一四年八月現在）。待ちきれない患者は、脳死移植の先進国であるアメリカに渡るが、そのアメリカでも、一万七〇〇〇人が肝臓移植のウエイティング・リストに名を連ねているという。このため、わが国では、健康な人から摘出した肝臓、腎臓を移植する「生体移植」が発展した。自民党総裁、衆議院議長を務めた河野洋平は、二〇〇〇年頃からウイルス性肝硬変が悪化したが、二〇〇二年、息子の河野太郎議員から提供された生体肝移植により完治した。美談ではあるが、健康な人から肝臓の一部を取り出すのには、医学的に抵抗があることも確かである。

肝臓移植の外科医であった谷口英樹は、このような状況を打開するには、幹細胞から肝細胞を作るほかないと考えるようになった。谷口は、中内啓光《なかうちひろみつ》（第九章）の研究室に入り、移植のための臓器作成を目指して研究を始めた。横浜市立大学に研究室をもった谷口は、二〇一三年、ついにヒトiPS細胞から、肝臓のミニアチュアを作ることに成功する。

幹細胞から肝細胞を作ることはすでにできるようになっていた。ES／iPS細胞に、浅島の発見したアクチビンを添加し、内胚葉を誘導し、肝細胞増殖因子（HGF）などいくつかの増殖因子、サイトカインを加えると、機能を持った肝細胞ができてくる。後述するように、そのようにして作った肝細胞（二次元）は、完全とはいえないまでも薬物代謝機能を持っており、薬剤開発の際の肝毒性スクリーニングに使われようとしている。しかし、三次元の肝臓組織を作ることは、これまで誰もできなかった。肝臓だけではない。腎臓や肝臓のように血管が網の目のように張り巡らされ、それが栄養供給以上の役割を持っている臓器は、常識として、シャーレのなかに再現できないと思われていた。

谷口は、iPS細胞由来の肝細胞に、ヒト臍帯から分離した血管内皮細胞（HUVEC）と、ヒト骨髄から分離した間葉系幹細胞を一緒に培養した。驚いたことに、肝細胞、血管内皮細胞、間葉系細胞の三者はお互いに協力して、自己組織化し、一～二日で三次元の構造を作りはじめた。間葉系細胞は組織構築を支え、血管内皮細胞はゆるい血管のネットワークを作り、肝臓の芽ともいうべき組織ができてきたのである。実際、その構造は、胎児期の肝臓原基と似ていた。谷口はそれを肝芽《かんが》(liver bud)と呼んだ。[20]

ヒト肝芽をマウスの体内に移植して観察したところ、二日目には、肝芽の中の血管が体の血管とつながり、血液を送り始めた。移植された肝臓の芽は、二ヶ月もすると、より肝臓らしくなってきた。構造的には、生体内の肝臓とそっくりとはいえないが、肝臓の重要な役割である薬物代謝をきちんとこなした。事実、実験的に作った肝不全マウスの腹腔内に植えると、病状を回復させるなど、肝臓の役割を担った。組織の機能を発揮させるためには、本来の姿である三次元の構造が必要であることが分かった。三次元の構造の重要性は、膵島の作成でも明らかになった(第九章)。

ヒトに肝芽を移植する場合、谷口は、門脈内に注射することを考えている。直径〇・二ミリ程度の肝芽であれば、血管に引っかかりながらも血行障害を起こすことなく、肝機能を改善することが可能であろう。マウスの肝障害の回復に要した肝芽は一二個。ヒトの肝臓はマウスの一〇〇〇倍はあるので、ヒトに応用するには、一万二〇〇〇個の肝芽が必要という試算になる。谷口の研究は、代替えとなるようなヒト臓器作成が可能であることを示した最初の仕事として高く評価され、ネイチャー・メディシン誌とセル・ステム・セル誌に紹介された。

8　精子と卵子を作る（斎藤通紀、二〇一二）

生殖は、秘密と謎のベールに包まれている。精子と卵子の出会いが生殖の始まりであることは誰でも知っているが、その精子と卵子がどのようにして作られるかについては、謎が多い。「基本のキ」3で述べたように、体を構成する細胞は、体細胞と生殖細胞の二つの系に分けられる。その分かれ道は相当に早く、マウスの場合、体の基本構造が作られようとする胎生六〜七日ごろ、ヒトでは受精後二〇日くらいである。そのような早い時期に、次世代を担うべき生殖細胞の芽ができてくる。妊娠している母親から見れば、孫を作ることになるであろう細胞である。生物は、生命の永続性と種の保存のための準備を最優先で進めているのだ。

生殖細胞の始まりとなる始原生殖細胞（いかにも元祖らしい名前だ）の秘密を明らかにしたのは京都大学の斎藤通紀である。彼は、医学部学生の時から研究志向が高かった。大学院、留学を経て、三二歳の時、理研ＣＤＢから自由に研究できる環境を与えられた。彼が研究テーマとして選んだのが、ほとんど手をつけられないまま残っていた、始原生殖細胞から生殖細胞が作られる過程であった。その基本的メカニズムを明らかにし、彼は三八歳の若さで、京大医学部の教授になる。

マウスの始原生殖細胞は、受精後七日目に四〇個ほど作られる。そのわずかな細胞が分化し増殖し、誕生の時には、雌では数万個の卵子となり、雄では、毎日精子を数百万個も作り出すようになるのである。斎藤の研究グループは一〇年以上を費やし、始原生殖細胞を誘導し、さらに生殖細胞へと進む過程を明らかにし、重要なタンパク（転写因子など）をいくつも見つけ出した。[21] そのうちの一つ、BMP4を加えると、本来は体細胞に分化していくはずの細胞のほとんどすべてが始原生殖細胞になることが分かった。この発見に、研究者たちは驚いた。たった一種類のタンパク質を加えることにより、数十個しか存在しないはずの始原生殖細胞を大量に作り出すことができるようになったのである。自然はときに単純なルールに支配されていることがある。

とすると、ES細胞からもiPS細胞からも同じように始原生殖細胞が作れるはずである。そして、実際その通りのことが起こった。iPS細胞に二つの因子を加え、ワンステップだけ進めた後、BMP4を加えると、元祖ともいうべき始原生殖細胞ができてきた。しかし、それから先、卵子、精子までにする過程はあまりに分からないことが多すぎた。そこで彼らは、「自然」の力を借りることにした。精子を作れないマウスの精巣に始原生殖細胞を移植したところ、移植マウスの精巣に精子が詰まっているのが分かった。卵子を作るために、将来卵巣となる体細胞と一緒に培養し、卵巣に移植した。期待したように卵子ができてきた。次の問題は、このようにしてできた精子と卵子が、生殖能を持っているかどうかである。iPS細胞由来の精子を卵子に注入し、仮親に戻したところ、雌雄のマウスが生まれてきた。iPS細胞由来の卵子を体外受精させたときも、仔マウスが生まれてきた。しかも、そのようにして生まれたマウスから、今度は自然の交配によって、子孫が生まれている。iPS細胞から、ちゃんとした精子と卵子を作ることができたのだ。

iPS細胞を用いれば、雄由来の卵子、雌由来の精子のような、自然の原理に反したことが可能だろうか。精子形成にはY染色体が必要なので、雌（XX）のiPS細胞から精子は作れない。雄（XY）の細胞は、X染色体を一本もっているので、効率は悪いが、卵子を作れないわけではない、と斎藤は言う。この研究はサイエンス誌により、二〇一二年の十大ブレークスルーの一つに選ばれた。ネイチャー誌は、斎藤をエッグ・エンジニアとして紹介した。[22]

斎藤の発表より二年余り経った二〇一五年一月に、ケンブリッジ大のグループは、ヒトES細胞とiPS細胞から始原生殖細胞を作るのに成功した。[23] 第三章でも述べたように、マウスとヒトではかなりの違いがあるが、ヒトの始原生殖細胞を作るときには、マウスとは異なり、SOX17という転写因子が必要なことが分かった。しかし、始原生殖細胞から精子、卵子を作るとなるとそれほど簡単ではないはずだ。斎藤のマウスを用いた研究でも、精子、卵子にするのには、精巣、卵巣という自然の場を借りねばならなかった。ヒトの場合は、倫理的にそのような実験はできない。

二〇一二年、斎藤らの研究が発表されると、世界中からたくさんの問い合わせのメールがきた。同性愛を読者層とする雑誌の編集部からも問い合わせがあった。おそらく、パートナーから卵子あるいは精子を作れば、同性愛者でも二人の間に子供ができると考えたのであろう。問い合わせの多くは中年のカップルからであった。そのなかには、京都まで行くので相談に乗ってほしいという更年期に入ったイギリス人からのメールもあった。斎藤は、不妊の問題の深刻さを改めて教えられた。

生殖には秘密と謎、そして倫理問題が存在しているのだ。

9　毒性テストのための肝臓細胞と心筋細胞を作る

薬は、症状を和らげ、病気を治すが、体にとってはあくまでも異物であり、時には毒物となる。漢方だから安全、天然の産物だから安心と考える人もいるが、根拠はない。多かれ少なかれ、薬は体にとって毒物であると考えておいた方がよいだろう。毒性（＝副作用）がある程度許されているのは、薬が病気に有効であるからだ。そのメリットを超えたデメリットがあるときに問題になる。

製薬会社は、安全性センターを作って慎重に調べているが、それでも、安全性の問題で、販売中止、開発中止に追い込まれることがある。三共（現「第一三共」）が一九九七年に販売した糖尿病治療薬、「ノスカール」は、一年も経たないうちに肝障害の副作用報告が相次いだ。アメリカ食品医薬品局（FDA）は、重篤な副作用として、黒枠で囲んだ警告（black box warning）を説明書に載せるよう指示した。二〇〇〇年には、三共は、年商一〇〇〇億円といわれた、この薬品の自主回収を余儀なくされた。

武田薬品の開発担当者にとって、TAK875は、最も愛着のある薬になるはずであったし、経営陣も、次期の主力商品と期待していた。インスリン分泌の標的レセプターの同定から始まり、糖尿病治療薬としての有効性、安全性の研究を積み重ね、最後の臨床試験（第Ⅲ相）にまで進んだのに、一部の患者に肝機能障害のデータが出たことを受け、「患者の利益が、潜在するリスクを上回ることはない」という結論に達し、二〇一三年一二月に開発を自主的に中止すると発表した。

薬物毒性は、ほとんどすべての臓器に及ぶが、なかでも重要なのは、肝臓、心臓、腎臓である。このうち、腎臓毒性は、細胞レベルでは検出できない。ES／iPS細胞を用いたヒトの肝臓と心臓への毒性を見る方法が開発されつつある。

肝臓毒性

なぜ、肝臓が大事なのだろうか。心臓が血液循環の中心であるように、肺が酸素交換の場であるように、脳が意識の中枢であるように、肝臓は代謝の「キモ」なのだ。それも、プラス、つまり体にとって大事な物を作り出す代謝にとっても、マイナス、つまり体にとって悪い物を排除する方向の代謝にとっても、肝臓はその中枢にある。どんな作用の薬を作ろうとするときでも、薬の開発者は、最初から最後まで肝臓の重要性を「キモ」に銘じている。

なぜ、開発最終段階あるいは販売後になって、肝臓毒性が問題になってくるのであろうか。アルコールをまったく飲めない人がいるように、もともと、肝臓は機能的に個人差が大きい臓器である。新しい薬に対して特別に感受性の高い人がいても不思議ではない。たとえば、「ノスカール」の場合、一八〇〇人に一人の割合で重篤な肝障害が起こり、三万人に一人が死亡したという。このような少数の特異体質の人にも安全な薬を作ろうとすると、数千人を対象に安全性のテストをしなければならないことになる。それは、実際上不可能な話である。

もちろん、製薬会社は、副作用に関して、注意深く検討している。動物実験を積み重ねた上で、ヒトの肝臓を用いて安全性を確認してから、臨床試験に進む。ところが、肝腎のヒトの肝臓を用いるテストの信頼性が低いのである。日本では簡単に手に入らないので、わが国の製薬会社は、一億円以上を出してアメリカから初代培養のヒト肝細胞を買っている。しかし、サンプルごとのばらつきが多く、その上、培養中に活性が落ちてしまう。

そこで登場するのが、iPS細胞である。大阪大学の水口裕之《みずぐちひろゆき》は、薬の開発に使えるような肝細胞をヒトiPS細胞から作ることを目指して研究を進めている。iPS細胞を肝細胞に分化させるのには、まずアクチビンを使って内胚葉の方向に向かわせ、さらにいくつかのサイトカインや遺伝子を使って肝臓の前駆細胞を作り、さらに肝細胞増殖因子などの力を借りて肝細胞にする。分化誘導効率は、最初の頃は一〇〜三〇パーセントであったのが、今では九〇パーセントまで上がった。

たくさんの人からiPS細胞由来の肝細胞を分離しテストできれば、将来、より確かな肝障害スクリーニング法ができるであろう。特に、不幸にして亡くなった人、重篤な肝障害を起こした人から細胞を提供してもらい、iPS細胞を作成し、さらに肝細胞までにすることができれば、特異体質の原因を調べることが可能になる。そのゲノム解析から、特異体質の人をあらかじめ特定することもできるようになるであろう。実際、アルコールに弱い人は、高校生のゲノム実習でも分析できるようになった。薬の副作用で健康を損ねたり、命を落とすような不幸なことが二度と起こらないよう、iPS細胞への期待は大きい。

心臓毒性

もし、服用している薬が重篤な不整脈などを起こすとしたら、こんな怖い話はない。アレルギーや胃腸などのありふれた病状に効果があるとされている薬の中にも、心臓毒性のために撤退した薬がある。制がん剤は、難敵のがん細胞を相手にするが故に、副作用の強い薬が少なくない。古くからある制がん剤の一つ、アドリアマイシンは、心筋に障害を与え、心不全を起こすことがある。このため、その使用に当たっては、厳格な制限が設けられている。

心臓毒性の判定に当たって、もっとも重要視されているのは、致死的な不整脈を誘発しかねない心電図上のQT間隔（心筋の収縮時間に相当）の延長である。そのリスクを見るために、イヌ（ビーグル犬）を使ったり、あるいは、QT間隔延長の主要因であるカリウムチャンネルを細胞レベルで見る方法が使われている。

ヒトの心筋細胞でQT間隔延長を見るためには、ES／iPS細胞を使うほかにない。心筋に分化したES／iPS細胞は、成人より少しゆっくりとした心拍数（一分間に四〇～六〇回）で収縮し続ける。培養心筋細胞からも心電図をとることができる。心房に由来するP波は見られないが、心筋の収縮によるQRST波は検出できる。

京都大学iCeMSの中辻憲夫は、ES細胞を心筋まで分化させた後、心電図が取れるような小さな培養器で培養する方法を開発し、リプロセルという会社から売り出した。この装置を使えば、QT間隔延長をヒト心筋細胞で観察できることになる。同時にカリウムチャンネルやカルシウムチャンネルの動態も分析できる。心臓毒性が確実に検出できるようになれば、われわれも安心して薬を飲むことができるというものである。

第八章　シャーレのなかに病気を作る

1　不可能を可能にしたiPS細胞

iPS細胞の応用範囲は広い。人々が一番期待しているのは、再生医療であろう。次章で述べるように、今、iPS細胞を用いた治療に向かって様々な研究が進行中である。体の謎を解くカギも、iPS細胞から得られつつある（第七章）。しかし、これらの研究は、必ずしもiPS細胞だけに出番があるというわけではない。治療であれば、ES細胞、間葉系幹細胞にも、多くの利点があり、いくつかの治療で先行している。体の謎を探るためには、ES細胞が、iPS細胞と同じように役に立っている。

一方、この章で取り上げようとする病気の謎への挑戦となると、iPS細胞なくしては不可能な世界である。iPS細胞の独擅場といってもよい。患者の細胞を取ってきて、山中因子を加えiPS細胞を作り、さらに病気の細胞系列に分化させると、数週間のうちに、病気の細胞ができてくるのだ。シャーレの中に再現した「病気の細胞」を用いて、なぜ、そのような病気になったのか、その過程を詳細に分析し、予防と治療の手段を探る。信じられないことに、iPS細胞を使うと、人生の後半になって発病するような病気も、培養を開始してから一ヶ月くらいで、シャーレのなかに再現できる（図8-1）。このようなアプローチは、病気をもっている胚盤胞から分離したES細胞、患者の核の移植による核移植ES細胞でも可能であるが、倫理的制約が大きく、現実的ではない。

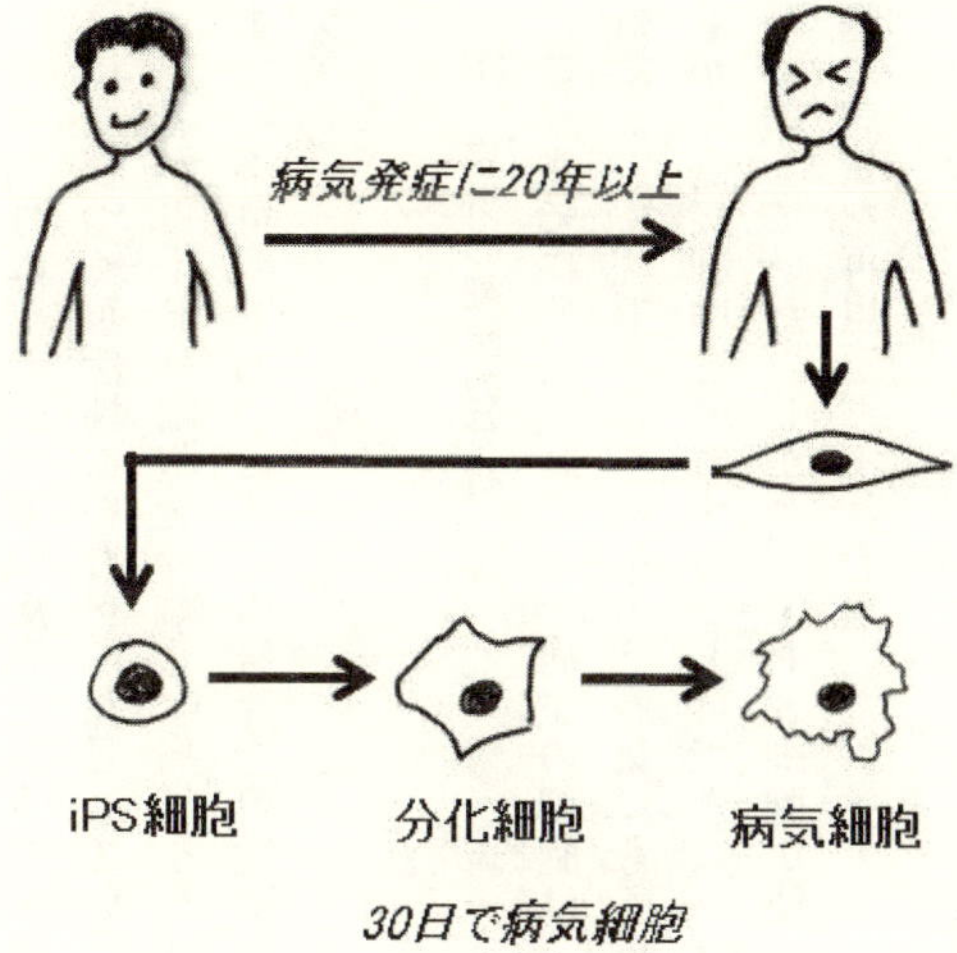

図8−1　病気の細胞を作る。患者の正常部分の細胞からiPS細胞を作り、疾患の原因となっている細胞にまで分化させると、病気の特徴を持った細胞ができる。人生の後半に発症するような病気でも、約1ヶ月で再現できる

　わが国では、iPS細胞による再生医療に注目が集まっているが、アメリカではむしろ、この章で取り上げる、iPS細胞による病気の分析への関心が高い。iPS細胞研究のリーダーの一人であるデイリー（第三章）が、ヒトiPS細胞の報告から一年足らずの二〇

〇八年九月に、一〇の遺伝疾患からiPS細胞を樹立し発表したのも、その有用性、特に創薬に結びつく可能性にいち早く注目していたからであろう。[1]

患者からiPS細胞を分離し、病気をシャーレのなかに再現するこのアプローチは、これまでに不可能であった多くの研究を可能にするであろう。そのなかから、六項目あげてみよう。

(1) 病気の細胞の分析

これまでに分析されてきた病気の細胞は、がん細胞だけであった。それが、iPS細胞技術によって、手の届かなかった病気にも広がった。たとえば、神経や心臓の病気の場合、患者から直接細胞を分離することはできないため、われわれの知識の大部分は、死後の解剖材料に頼っていた。しかし、iPS細胞が使えるようになれば状況は一変する。生きている細胞に病気を再現し、それを用いてダイナミックな分析ができるようになるのだ。

(2) 遺伝子の働きの分析

遺伝子と病気の間に明確な因果関係がある遺伝病の場合は、その病因遺伝子がどのようにして病気を起こすか、経過を追って観察できるようになる。たとえば、二一番染色体が一本多いために起こるダウン症候群から分離したiPS細胞は、同じような染色体異常をもっている。遺伝性のアルツハイマー病から分離された細胞は、アルツハイマー病に特有な細胞病変を起こす。しかし、それらの遺伝子の変化がどのようにして病気に結びつくかについては、これまで分析手段が限られていた。

(3)　弧発性患者の解析

病気の多くは、遺伝子だけではなく、体の内外の環境要因が関わり合いながら発症する。たとえば、後述する筋萎縮性側索硬化症（ALS）の場合、遺伝的背景の分からない孤発性患者は九〇パーセントに及ぶ。そのような患者からiPS細胞由来運動神経を分離し、どのような条件の時、病気が再現するかを分析する。これまでに知られていなかったような遺伝子の関与や病気を誘発するような体内外の環境の変化が分かるかもしれない。

(4)　薬の開発

患者由来のiPS細胞は、薬の開発の方法論を変えていくであろう。現在、使われている薬の多くは、まず動物モデルでテストされ、次いで進行した患者で効果を試すことしかできなかった。それが、直接病気の細胞を使って開発できるようになるのだ。

新薬の開発というと、新たに化学物質を合成したり、あるいは、どこか見知らぬところに行ってカビを採取し、抗生物質を分離するのを想像するであろう。しかし、製薬会社や大学は、作ったものの使い道の分からない薬の候補を山のように抱えている。すでに使われている薬に、新しい作用を見つけることができるかもしれない。iPS細胞により新しいスクリーニング方法ができれば、眠っている薬にもチャンスが回ってくるであろう。後述する軟骨無形成症のように、普通に使われている薬が、考えもしなかったような病気に有効なことが分かる可能性もある。iPS細胞により、薬探しの方法論も変わってくるであろう。

(5) 個人に特定した医療

このアプローチにより、本当の意味での個人に特定した医療が可能になる可能性がある。患者由来のiPS細胞の利点は、同じ病名の様々な患者からその患者自身の病気の細胞を分離できることである。個人の病気をより深く分析することにより、病気のカテゴリーが再編成されるかもしれない。治療が有効な患者がいる一方、有効でない患者がいるのに、それを知ることもできず、気にすることもなく、治療をつづけているのが現状である。薬が効く人(レスポンダーという)と効かない人(ノン・レスポンダー)を区別するなど、iPS細胞によって新しいテーラーメイドの治療が可能になるであろう。

(6) 先制医療の可能性

病気が起こる前に病気を抑える「先制医療（Preemptive medicine）」も、iPS細胞によって可能になるであろう。たとえば、アルツハイマー病のように、発症の二〇年も前から細胞の異常が始まる病気の場合、iPS細胞によりそのプロセスが分かれば、病気になる前にその進行を止めるような予防策が可能になる。iPS細胞による病気の細胞の再現は、先制医療のための新たな方法論を提供するであろう。

先制医療は、すでに始まっている。ハリウッドスターのアンジェリーナ・ジョリー（Anjelina Jolie）は、母親が五〇代半ばで乳がんにより死亡したこともあり、乳がんの遺伝子検査を受けた。乳がんと卵巣がんのがん抑制遺伝子BRCA1の異常により発症率が八七パーセントと、医師から告げられたアンジェリーナは、三七歳の時、両側の乳腺を予防的に摘出した。翌々年には、発症リスク五〇パーセントの卵巣がん予防のため、両側の卵巣と卵管を取ってしまった。「先制医療」は、アンジェリーナにとって、引き返すことができないつらい決断でもあったに違いない。

これまでに、iPS細胞による方法により分析された病気は、神経疾患だけでも十指を超

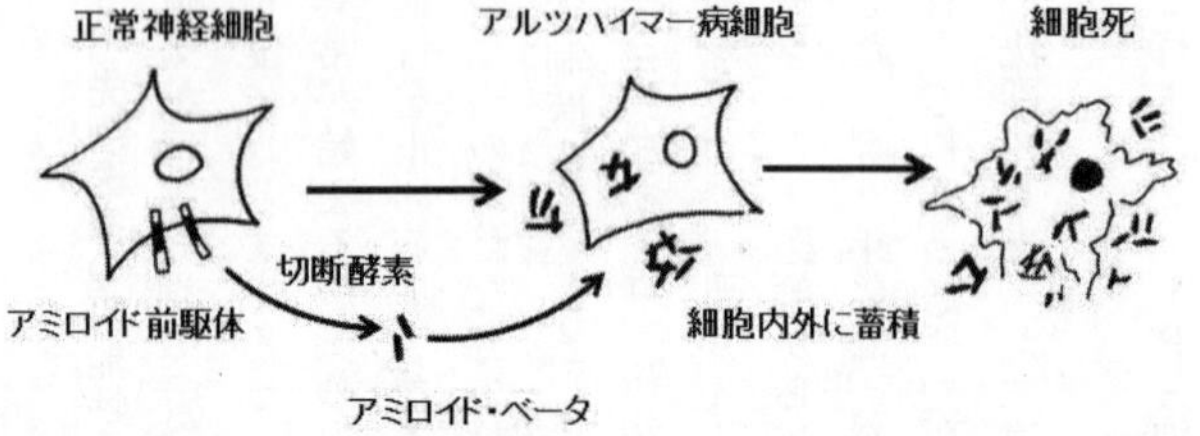

図8-2　アルツハイマー病の発症メカニズム。正常神経細胞のアミロイド前駆体タンパクが、切断酵素でアミロイド・ベータとなり、神経細胞の内外に沈着し、細胞を壊す

える。ここでは、そのなかから代表的な神経疾患として、アルツハイマー病、パーキンソン病、ＡＬＳ、自閉症、統合失調症から分離されたｉＰＳ細胞を用いた研究を紹介しよう。さらに、治療薬の開発につながる例として軟骨無形成症を取り上げる。

2　アルツハイマー病

中部ドイツのヴュルツブルグ（Würzburg）で開催されたシンポジウムに招待されたとき、アルツハイマーの生家に案内された。ヴュルツブルグから三〇キロ離れたマルクトブライト（Marktbreit）というマイン川沿いの小さな町で、アロイス・アルツハイマー（Alois Alzheimer、一八六四〜一九一五）は生まれた。家の中には、彼が使っていたという古典的な顕微鏡が飾られていた。この顕微鏡で、彼はアルツハイマー病の脳を観察したのだ。

アルツハイマー病は、一九〇六年に五五歳で死亡した女性の症例報告が基になっていると、一般には信じられている。英語、フランス語、日本語版のウィキペディアにもそのように記載されている。しかし、患者のカルテと解剖所見を再調査した報告（一九九六年）によると、この患者は、今日の診断基準に照合すると、動脈硬化による認知症であった。[2] 残されていた標本の遺伝子解析により、一九一〇年に死亡した二番目の症例（五六歳男性）が、真のアルツハイマー病であることが確認された。[3] いずれにしても、アルツハイマーが、この病気を最初に記載したという事実に変わりはなく、当時の精神医学の権威であったクレッペリンの提唱により、以後、アルツハイマー病と呼ばれることになる。

神経系には、異常なタンパクの蓄積による病気が少なくない。アルツハイマー病をはじめ、プリオン病、レビー小体型認知症、パーキンソン病、ハンチントン病などはいずれも、神経細胞の内外に異常なタンパクが蓄積して起こる。そのなかでも、アルツハイマー病は、最初に報告された「タンパク病態（proteopathy）」である。異常なタンパクができてくる過程は、患者から分離したiPS細胞の中に再現できる（図8-2）。

アルツハイマー病の原因として最も有力なのは、アミロイド仮説である。アミロイドの前駆体となるタンパク（アミロイド前駆体タンパク）は、正常神経細胞の細胞膜に存在している。そのままであれば問題はないのだが、酵素によって切断されると、生じたアミロイド・ベータがとんでもない悪さをすることになる。アミロイド・ベータは、神経細胞の内外に、シミ(plaque)のように沈着し、繊維成分のねじれ構造(Ｔａｕタンパク)と相まって、神経細胞を壊したり、神経細胞間の連絡を阻害したりし、結果として、認知症の症状を引き起こす。二〇一一年から二〇一三年にかけて、慶応大の鈴《すず》木《き》則宏《のりひろ》、京大ＣｉＲＡの井上《いのうえ》治久《はるひさ》、さらにサン・ディエゴのグループから、アルツハイマー病患者から分離したｉＰＳ細胞がアミロイド・ベータを蓄積し、精神を病むこの病気をシャーレのなかに再現できることが発表された。[4,5,6]しかも、人生の後半に起こるこの病気を、わずか数週間のうちに再現できたのだ。家族性アルツハイマー病の場合は、その原因となっているアミロイド・ベータをつくる酵素の阻害剤を使えば抑えられる。井上は、新たにドコサヘキサエン酸(ＤＨＡ)が有効であることを発見した。

家族性のアルツハイマー病の場合は、病因となる遺伝子変異がゲノムに隠れているのだから、ｉＰＳ細胞がアルツハイマー病細胞になったとしても不思議ではない。しかし、弧発性、つまり特別な遺伝的背景のない(と思われている)患者のｉＰＳ細胞までもがアルツハイマー病細胞になったとなると、説明は難しい。おそらく、われわれの知らない何らかの因子がゲノムの中、あるいは細胞の中に隠されているのかもしれない。ｉＰＳ細胞は、未知の病因を探す貴重な材料となるであろう。

ダウン症候群の患者は、アルツハイマー病を併発することが多い。ダウン症候群は、二一番染色体が一本多く、三本あることによって生じる病気である。二一番染色体には、アミロイド前駆体タンパクの遺伝子があるため、アルツハイマー病になりやすいと考えられている。ケンブリッジ大学のゴードン研究所（山中伸弥と一緒にノーベル賞を取ったジョン・ゴードンの研究所である）のグループは、ダウン症の患者から分離したiPS細胞およびES細胞を神経細胞まで分化させ、アルツハイマー病をシャーレのなかに誘発できるかどうかを調べた。(7) すると、ダウン症患者の細胞にアルツハイマー病と同じように、アミロイド・ベータの蓄積が見られた。

自分のiPS細胞が、アルツハイマー病になることが分かったら、相当にショックを受けるだろう。しかし、将来なるであろう病気に対して「先制攻撃」をする機会を与えられたと、前向きに考えることもできるはずである。アルツハイマー病は、二〇年以上の時間をかけて、静かに進行する病気である。最初の段階で、本人に合った治療法を選択し、病気を抑えることも夢ではない。iPS細胞によって、新たな道が拓かれることを期待したい。

渡辺謙と樋口可南子が主演した『明日の記憶』（原作荻原浩）は、印象に残るよい映画であった。若年性アルツハイマー病と宣告された本人の悲しみとあせり、家族の愛情、それにもかかわらず、着実に進行する病の冷酷な現実。われわれは、主人公に同情しながらも、どうしようもない運命を思い知らされる。もし、主人公からｉＰＳ細胞が分離されていたら、そして、それによって病気の進行を抑える手段が見つかっていたら、映画としては成立しないかもしれないが、不幸を一つ防ぐことができたはずである。

3　パーキンソン病

パーキンソン病の基本症状は、運動の障害である。安静時に手足が震える、手足の曲げ伸ばしが固くなる、動作緩慢になるなどの症状がでる。手が自由に動かなくなるため、書く字が小さくなる「小字症」という症状も特徴的だ。ヒットラーの署名は、小字症の一つの例として引用されることが多い。罹患率は、わが国では人口一〇万人あたり一〇〇～一五〇人（全国で一四万人）、アメリカではその二倍くらいといわれている。

パーキンソン病の原因は、中脳にある黒質から線条体への指令が滞るためである。脳の奥深くで密かに行われるこの指令が、実は、運動を支配している。そのときの神経伝達物質であるドーパミン（dopamine）が働かなくなると、運動の調整もうまくできなくなり、筋肉がこわばったり、震えたりすることになる。

家族性のパーキンソン病もあるが、それほど多くなく、一〇パーセント程度である。大部分のパーキンソン病は、遺伝と遺伝以外の要因が複雑に働きあうなかで、人生の後半になって発病してくる。双子は、遺伝の背景を調べる上で、貴重な研究対象である。遺伝的に同一の一卵性双生児では、二人共にパーキンソン病を発病するのは一五・五パーセント（アメリカ）あるいは一一パーセント（スウェーデン）という調査結果がある。二卵性双生児では、それぞれ、一一パーセント、四パーセントなので、遺伝的背景の関与はあるものの、遺伝以外の影響の方が大きいといえよう。

ニューヨーク幹細胞研究所の研究グループは、片方は病気を発症しているが、片方は病気でない一卵性双生児のそれぞれからiPS細胞を分離し、わずか三四日で中脳のドーパミン産生神経細胞までに分化させた。二人とも、パーキンソン病の原因となる遺伝子（GBA）の変異をもっていたが、細胞の性質は異なっていた。発病している双子の一方の細胞は、この病気に特徴的な生化学的な変化が見られ、ドーパミンを作れなくなっていたが、発病していない一方には異常がなかった。遺伝的背景のない患者、健康な人から分離した細胞ではドーパミン産生に異常はなかった。[8] 何が、パーキンソン病発病のカギを握っているのだろうか。iPS細胞は、その謎を解くための重要な材料になるであろう。

iPS細胞を用いたパーキンソン病の治療については、次章で紹介する。

4　筋萎縮性側索硬化症（ALS）

ルー・ゲーリッグ（Lou Gehrig、一九〇三〜四一）は、ベーブ・ルースと共にニューヨークヤンキースの黄金時代を築いた。この二人で、アメリカンリーグの本塁打の四分の一をたたき出した年もあった。ゲーリッグは、「鉄の馬（Iron horse）」といわれたほど、頑強な選手であった。一九二五年から続いた連続出場記録は、一九三九年、二一三〇試合で終わりを告げた。一九三八年頃から彼は明らかに弱ってきた。頻繁に転ぶようになり、ケチャップのビンを持てなくなってきた。アメリカを代表する病院の一つであるメイヨークリニック（ミネソタ州）で、ゲーリッグは筋萎縮性側索硬化症（ALS）の診断を受ける。その数ヶ月前、彼の母親も同じ病名を診断されていた（Wikipedia）。「鉄の馬」と言われたゲーリッグが動けなくなったのだ。アメリカ国民は相当なショックを受けたであろう。以来、この病気は「ルー・ゲーリッグ病」の名前で知られるようになった。

わが国のALS患者数は九〇〇〇人余り。大部分は家族的背景のない孤発性のALSであるが、五〜一〇パーセントは家族性による。この病気は、筋肉が萎縮し、筋力が落ちていく進行性の神経疾患である。最後には呼吸筋がおかされ、人工呼吸器が必要になる。随意運動を司る神経細胞間の連絡がうまくいかなくなり、神経細胞が変性するのがその原因である。おかされるのは随意運動だけで、知能、知覚、自律神経などは正常に保たれる。それだけに、本人にとっても、家族にとっても悲惨な病気である。家族性ALSの原因遺伝子として、活性酸素を不活化するSOD1遺伝子の変異が報告されているが、それだけではすべてを説明することができない。最近注目されているのは、遺伝子発現を調節するRNA結合タンパク(TDP43)の異常である。

ALSの研究が進まなかったのは、病気におかされている運動神経で何が起こっているかを知る手立てがなかったことである。しかし、iPS細胞によって、その謎に迫ることが可能になった。ヒトiPS細胞が報告された翌年(二〇〇八年)八月には、ALS患者からiPS細胞を分離し、この病気をシャーレのなかに再現しようという研究が報告された。[9]しかし、八二歳と八九歳の姉妹のALS患者から分離されたiPS細胞は、運動神経にまで分化させることができたが、病気は再現できなかった(しかし、八〇歳を超える人からも、iPS細胞が分離できることが分かった)。その後の研究からも、患者由来iPS細胞は、正常人由来のiPS細胞と同じように、神経に分化できることが分かった。このことは、ALSが神経の発生過程で生じる病気でないことを示している。分化した後に起こる何かが病気を作っているに違いない。

京大CiRAの井上治久とエジンバラ大学のグループは、それぞれ、TDP43遺伝子に変異を有するALS患者からiPS細胞を分離し、運動神経細胞までに分化させた[10、11]。ALS由来の運動神経は神経突起が短く、遺伝子発現もALS病態を反映していた。井上は、この細胞を用いて、ALSに有効な薬の探索を行い、候補となりうる化学物質を見いだしている。

患者の大部分を占める非家族性のALSは、なぜ起こるのであろうか。五〇歳を過ぎて発症する患者が多いことから、何らかの内因あるいは環境要因のような外因が関係しているのかもしれない。まだ、弧発性ALSのiPS細胞は発表されていない。もし、弧発性ALSをシャーレのなかに再現できれば、この難病の解明に大きく貢献するであろう。

一九三九年七月、引退セレモニーで、ゲーリッグは泣きながら最後の挨拶をした。「ファンの皆さんは私の不運を知っているでしょう。しかし、今日、私は、自分を地球上で一番幸せな男と思っています（Yet today I consider myself the luckiest man on the face of the Earth.）」。一九四一年、ゲーリッグは、栄光に輝いた、しかし余りにも短すぎる三七歳の人生を終えた。翌一九四二年、ゲーリッグを主人公にした映画『打撃王』が、ゲーリー・クーパーの主演で公開された。引退セレモニーでの台詞は、アメリカ映画の名台詞一〇〇のうちの一つに選ばれている（Wikipedia）。

5　自閉症スペクトラム

自閉症は、誤解されやすい病気である。自らを閉じるという漢字の名前の故に、他人に対して心を閉ざし、自分の殻に閉じこもるような病気と誤解されたりする。「閉じこもり症候群」と混同している人もいる。この病気は基本的に先天的な障害であるので、育て方、テレビの見過ぎなどは関係ないのだが、育児の問題と誤解をもっている人もいる。

自閉症は、対人関係、意思伝達に関する広汎な発達障害であるため、症状は多彩である。活動と興味の範囲が著しく偏っている患者もいる。数字、日時の記憶などに驚異的な能力を発揮することもある。知能も、非常に高い人から、知的障害のある人まで様々である。その症状は、「自閉症スペクトラム」とよばれるように、健常人と区別がつかないレベルから、重症自閉症まで幅が広く連続してつながっている。自閉症スペクトラムには、別の名前で呼ばれることの多い病気も含まれている。その一つのレット（Rett）症候群は、女児にみられる言語運動能力の疾患であり、その原因遺伝子（MECP2）は、X染色体上にあるエピジェネティクスを制御する遺伝子であることも分かっている。

サン・ディエゴの研究者たちは、レット症候群の患者四人からiPS細胞を樹立し、神経細胞にまで分化させた。この病気の患者は神経細胞の密度が低かったり、脳が小さかったりするので、神経細胞の増殖に注意を払ったが、iPS細胞から分離された神経細胞の増殖には異常がなかった。しかし、興奮性のシグナルに関わるグルタミン酸を経由する神経伝達に異常が見られた。この病気に有効であるとされている薬品、たとえば、IGF1という増殖因子は、レット細胞に対しても有効であった。今後の創薬に当たって、この細胞が役に立つであろうことが確認された[12]。

自閉症スペクトラムに含まれるその他の病気、たとえば、サヴァン症候群やアスペルガー症候群を再現するiPS細胞の報告はまだない。今後、自閉症スペクトラムに含まれる様々の病気から細胞が分離されれば、病気の原因、予防、治療薬などの研究が進むであろう。

一九八九年、アカデミー作品賞を受賞した『レインマン (Rain Man)』は、ダスティン・ホフマン演じる自閉症の兄と、トム・クルーズが演じる自由奔放な弟の物語である。兄がいると知らなかったクルーズは、幼い頃、雨が降るとレインマンがくると教えられていた。それは、兄のレイモンドのことであった。レイモンドは、ホテルでたまたま手にした電話帳の電話番号を記憶してしまう。三組のトランプを記憶して、ラスベガスで大もうけをする。パンツはKマート（アメリカの安スーパー。留学中によく買い物に行ったものだ）でなければ、とこだわる。歩き方、首のかしげ方など細部のエピソードが自閉症スペクトラムとよく一致している。サヴァン症候群の患者と会って演技を研究したというホフマンは、主演男優賞を受賞した。

6　統合失調症

インターンの時、私は週のうち何日かは精神病院に宿直し、たくさんの統合失調症（当時は精神分裂病とよんでいた）患者を診ていた。幻聴や妄想に悩みながら、有効な治療薬もないまま、彼ら自身の世界に閉じこもっていく患者たち。その当時（一九六〇年代初め）は、電気ショック、インスリンショックやロボトミーのような野蛮な治療から、クロルプロマジンによる薬物療法へ移行していく時代であった。クロルプロマジンにより、患者の症状は劇的に改善され、精神科病棟はそれまでの閉鎖病棟から開放病棟へと変わっていった。作家であり精神科医である加賀乙彦は、クロルプロマジンの有効性を発見したジャン・ドーレイのところに留学している。[13]インターンの時、私は精神科医になることも考えたが、最終段階になって、患者に囲まれながら自分の正常性を維持できる自信がなく、世俗から一番離れている基礎医学を専攻することにした。

統合失調症患者は、人口の一パーセントほどを占めている。一〇〇人の医学部クラスから、卒業までに一〜二人の患者が出ても不思議ではない。若いときに発症することもあり、この病気による人的資源の社会的損失は大きい。統合失調症は遺伝的色彩が濃い。およそ八〇パーセントの患者は何らかの遺伝的素因があるものと考えられている。しかし、その本態となると単純ではない。最近の報告によると、統合失調症に関わる遺伝子座は、一〇八に上るという。[14] 奇しくも、除夜の鐘の「煩悩」と同じ数である。まさに、統合失調症は、生きていくことの性《さが》に深く結びついているのだ。

ゲージ(Fred Gage)は、神経疾患の研究をリードする研究者である。彼の勤務するソーク研究所(サン・ディエゴ)は、ポリオウイルスの開発者、ソーク(Jonas Salk、一九一四〜九五)によって作られた、がん、エイズ、アルツハイマー病などの最先端の研究所である。第九章で紹介する、高橋淳《たかはしじゅん》、政代《まさよ》夫妻もゲージの下に留学していた。ゲージは、統合失調症患者四人からiPS細胞を分離し、神経細胞に分化させた。[15] 分化そのものは、問題なかったことから、この病気は、発生の段階の異常によるものではないことが示唆された。患者から分離された神経細胞は、神経突起の数が少なく、神経細胞間のコミュニケーションも落ちていた。また、活性酸素も増加していた。この細胞を使って四種類の薬剤を調べた結果、一種類のみが神経間のコミュニケーションを回復させた。

iPS細胞から得られたデータは、統合失調症についてのこれまでのデータと一致している。しかし、この複雑な病気の実態に迫るためには、さらに多くの患者からiPS細胞を樹立し、分析する必要がある。そのような研究の中から、新しい薬が開発されることを期待したい。

二〇〇二年、アカデミー賞の作品賞、監督賞など四賞を獲得した『ビューティフル・マインド』は、ゲーム理論により一九九四年にノーベル経済賞を受賞したジョーン・ナッシュ(John F. Nash)が主人公である。そして、彼は統合失調症を患っている。ナッシュは、次第に妄想と現実の境目が分からなくなる。大学院生時代のルームメイトとその姪の少女、ソ連のスパイ。彼につきまとうこれらの人々は、実は病気故の妄想の世界であった。やがて、彼は、妄想の人々と距離を置いてつきあうことができるようになる。彼を救ったのは、妻であった。ノーベル賞授賞式の挨拶で、裸で踊るのではないかという心配をよそに、彼は妻への感謝の言葉を述べる。会場を出ると、彼を苦しめた妄想の世界の人たちが待っていた。しかし、家族以外、誰も彼を引き留めることができなかった。

7　軟骨無形成症

生まれてから最初の一〇年余りの間に、われわれは、乳児、幼児期を経て少年／少女にな

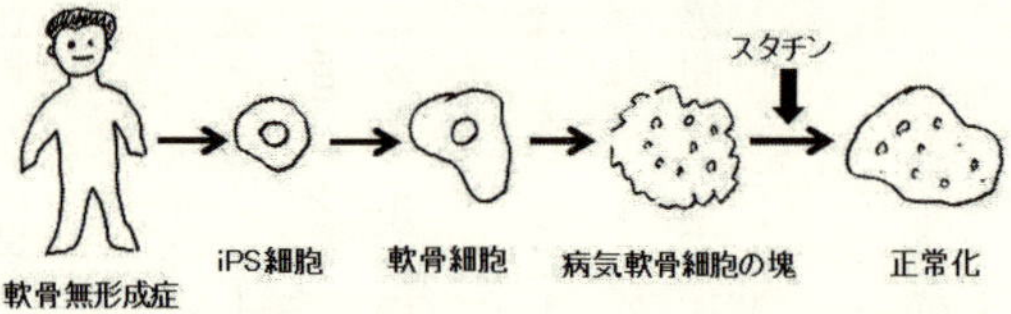

図8−3　軟骨無形成症患者の皮膚からiPS細胞を分離し、軟骨細胞にまで分化させると、病気を再現できる。スタチンによって、患者の細胞は正常化した

り、肉体、精神共に一人前の大人へと成長していく。その当たり前の経過がうまく進まなかったら、本人はもとより、親にとっても、どんなに気がかりなことであろうか。

身長が伸びないのは、成長ホルモンや骨に原因のあることが多い。実は、骨は最初から骨として作られるのではなく、骨の両端にある軟骨から作られる（例外として鎖骨と頭蓋骨は骨膜にある幹細胞から直接作られる）。したがって、もし、軟骨の増殖・分化が抑えられていたら、骨もきちんとできないことになる。軟骨無形成症はそのような病気である。軟骨に必要な増殖因子（FGF3）の受容体に変異があるために、軟骨が成長できず、したがって骨も成長せず、身長は一三〇センチくらいで止まってしまう。一万人から二万人に一人の割合で発症する。

京大CiRAの妻木範行は、山中と同じく整形外科の出身である。当然、骨の成長に関心をもっている。彼は、軟骨無形成症のなかでももっとも重篤な病型（胸郭の発達不全により呼吸困難になる）の患者三人の皮膚線維芽細胞からiPS細胞を分離し、軟骨細胞にまで分化させた。[16] シャーレの中の軟骨細胞は、自らの周囲に軟骨特有の細胞外マトリックスを分泌し、塊を作っている。患者由来のこの軟骨細胞は、増殖が遅く、作られた軟骨もこの病気の特徴を反映していた。培養を開始してから二〜三週間で病気をシャーレの中に再現できたのだ。この細胞を使えば病気を治す薬を見つけることができるかもしれない。そして、妻木は、予想もしなかったような薬が、この難病を治す可能性を示した。

それは、スタチンであった。スタチンは、高脂血症、高コレステロール血症に広く使われている。世界中で、私を含め、四〇〇〇万人が服用しているといわれる。そのスタチンを、軟骨無形成症患者から分離した軟骨細胞に加えると、正常な軟骨になった。しかも、この病気のモデルマウスに投与したところ、手足が伸びてきたのである。患者とその家族にとってこれほどの朗報はないであろう。しかし、京大ＣｉＲＡのホームページに書いてあるように、安全性が確認されていないため、早まって使うのは危険である。

スタチンは、日本オリジナルの薬品である。一九七三年、三共の遠藤章《えんどうあきら》によって合成され、わが国でコレステロール代謝への有効性が確認された。スタチンは、おそらく、軟骨細胞の細胞膜上のコレステロールを減少させ、その結果、細胞膜上にまたがるように存在するＦＧＦ３の受容体の分解が促進されるためと思われる。スタチンを合成した遠藤は、二〇〇八年、ラスカー賞（第四章）の臨床医学研究部門賞を受賞している。中高年の脂質代謝改善の切り札であるスタチンが、今度は難病に苦しむ子供たちを助けることになりそうだ。

第九章

幹細胞で病気を治す

1　再生医療の八つの壁

人々の医学に対する期待は大きい。ちょっとした研究結果が発表されると、それがたとえネズミの研究であったとしても、直ぐにヒトの病気の治療に結びつくかのように報道される。しかし、現実はそれほど簡単ではない。ネズミからヒト、基礎研究から応用研究、その上で安全性、有効性のテストを経て、ようやく臨床の場で使われることになる。相当の時間と予算をかけ、壁を一つずつ乗り越えて、初めて、人々は医学の恩恵を受けることができるようになるのだ。

ノーベル賞委員会は、山中伸弥の受賞理由として、「iPS細胞が教科書を書き換えるような生物学的な大発見であり、病気の研究と診断、治療に結びつくような研究がこれから発展するであろう」とプレス向けに発表した。人々が、iPS細胞にこれまでにないような新しい治療法を期待したのも当然である。

再生医療に対する人々の期待は大きい。働かなくなった組織や細胞を生き返らせることができれば、患者自身も生き返った思いであろう。交通事故によって車いすの生活を余儀なくされている人、脳梗塞で体の自由が奪われた人、網膜が変性し失明した人。社会には、再生医療に夢を抱いている人がたくさんいる。ｉＰＳ細胞は、そのような人たちに希望をあたえた。京大ＣｉＲＡの開所式に、車いすの患者が何人も招待されているのを見たとき、山中伸弥の再生医療に対する思いが伝わってきた。その思いは、ｉＰＳ細胞研究所の英文名ＣｉＲＡに、研究（Ｒ／research）と並んで応用（Ａ／application）が入っていることからも理解できよう。

人々は、ｉＰＳ細胞を再生医療の切り札と思っているが、二つの意味で誤解がある。一つは、ｉＰＳ細胞だけが再生医療の担い手というわけではない。この分野では、ＥＳ細胞が先頭を切っていたし、それだけの実績を持っている。間葉系幹細胞もまた、その特性を生かして、再生医療の有望株の一つになりつつある。再生医療を発展させるためには、ＥＳ細胞、間葉系幹細胞もｉＰＳ細胞と同じように育てていかねばならない。

第二の誤解は、ｉＰＳ細胞は、再生医療そのものだけでなく、病気のメカニズム解析、予防、薬の開発、副作用の分析など、医学のあらゆる面で応用可能な技術であることだ。そのような応用面については、第七、八章に紹介した。

本章では、再生医療の抱えるいくつかの壁とその克服についてまとめた上で、幹細胞による再生医療の現状について、順を追って説明することにしたい。

(1) 倫理の壁

ES細胞は、体外受精に際して廃棄されるはずの胚盤胞から分離されるのだが、生命倫理の最も微妙な問題を内包していることには変わりがない。もし、胚盤胞を子宮に戻せば、着床し胎児となるはずである。それ故に、胚盤胞を壊して細胞を採取するのを殺人のように思う人が出てきても仕方がない。実際、アメリカのブッシュ大統領もそのような一人であった。彼は、上下議会で承認された再生医療に関する法案を、大統領権限で拒否した。

核移植によるES細胞には、クローン人間を作る潜在能力がある。倫理的に絶対受け入れられないイメージを避けるために、「治療的クローニング」とも呼んでいるが、胚盤胞まで培養した後に細胞を採取するという点では、ES細胞と同じ倫理問題をもっている。加えて、健康な女性から卵子を採取するという倫理問題がある。黄禹錫の捏造が明るみに出たのは、卵子採取に際しての倫理問題がきっかけであった(第一〇章)。

その点、iPS細胞には、生命の根源に関わるような倫理問題はない。ヒトiPS細胞分離の報告の翌日、アメリカのブッシュ大統領とバチカンから山中伸弥にお祝いのメッセージが届いたのも、それまで避けられないと思われていた倫理問題をiPS細胞が解決したからである。

(2) 免疫の壁

iPS細胞の最大のメリットは、自分の細胞を初期化できることである。そのようにして作った「マイ·iPS細胞」は、自分に移植しても、自己と認識されるので、拒否されることはない。「自家移植」であれば、免疫抑制剤を使う必要もなく、移植後も安心して生活できるであろう。

一方、「マイES細胞」はあり得ない。ES細胞は、移植された体にとっては、よそ者、つまり「他家」であるため、免疫細胞に認識され、攻撃されるであろう。このような「他家移植」の場合には、免疫抑制剤を使うなどの方法で、拒絶反応を免れる工夫が必要である。腎臓移植、心臓移植などでは、免疫抑制剤の使用が欠かせない。

免疫抑制剤を使うのは、必ずしも悪いことだけではない。もし、移植した細胞が、腫瘍化したようなときには、免疫抑制剤をやめてしまえば、問題の細胞は、拒絶反応によって除外されてしまうはずである。抑制剤は安全スイッチとしての役割も兼ねているのだ。

しかし、他家だからといって、すべてが直ぐに拒絶反応にあうわけではない。たとえば、脳、脊髄、眼球は、免疫が及びにくいため、他家移植に対して比較的寛容である。このような臓器では、iPS細胞の代わりに、ES細胞を用いて再生医療を行うことも現実的である。

ヒト白血球抗原（HLA）

「ジカ」と「タカ」は、どのようにして区別されるのであろうか。たとえば、血液型は、赤血球の自家と他家を区別するための目印である。性格とはまったく関係がないのは言うまでもない。しかし、細胞や組織を移植するとなると、血液型はまったく役に立たない。その代わりに用いられるのは、白血球の型「ヒト白血球抗原（HLA）」である。最初白血球で発見されたのでこのような名前で呼ばれているが、HLAは、すべての細胞に共通した細胞表面の目印である。このため、「主要組織適合抗原遺伝子複合体（MHC）」ともいう。HLAは、血液型とは比べものにならないような、非常に複雑な構成である。大きく六種類の遺伝子群からなり、それぞれに数十種に及ぶ細かい分類がある。さらに、母親と父親に由来するHLAがペアを作っているので、HLAタイプが完全に一致するのは、数百万人に一人ともいわれている。

iPS細胞バンク

ＨＬＡの型が合えば、他家であっても自家として認識されることになる。骨髄移植は、その原理を基に、ＨＬＡ型の合うドナーを探し出して移植する。同じように、様々のＨＬＡ型をそろえたｉＰＳ細胞バンクがあれば、他家でも「マイｉＰＳ細胞」として、いざというときの再生医療に利用することができるはずである。しかし、ＨＬＡ型は、あまりに種類が多いので、その全部に対応できるようなｉＰＳ細胞バンクを作ることは不可能である。

上述したようにＨＬＡは、父親と母親から受け継いだ遺伝子のペアからできている。そのなかには、両親から同じＨＬＡを受け継いだ人（ＨＬＡホモ）が稀にいる。両親ともａの場合はａａと書くことにしよう。そのような人の細胞は、ａｂの人、ａｃの人に移植しても、拒絶反応は起こりにくい。したがって、ＨＬＡホモの人からｉＰＳ細胞を作っておけば、応用範囲が広がることになる。

日本人は、遺伝的にも比較的均一化された国民なので、二〇パーセントの人は、最も頻度の高いＨＬＡでカバーできる。七五種程度から成るＨＬＡホモのｉＰＳ細胞株のバンクを作れば、日本人の八〇〜九〇パーセントをカバーすることができると計算されている。問題は、どのようにして、ＨＬＡホモのドナーを発見するかである。計算によると、七五種のＨＬＡホモドナーを探し出すためには、六万四〇〇〇人のＨＬＡ型を調べなければならないことになる。それには、莫大な費用が必要となる。幸い、わが国には、骨髄移植のための臍帯血バンクがある。バンクに登録されている人は、すべてHLA型が調べられている。ただ、臍帯血バンクは、骨髄移植を目的として登録されているので、目的外使用には、同意の取り直しなどの手続きが必要である。

iPS細胞バンクには、いくつかの問題があるのも確かである。一つは、莫大な費用がかかることである。冷静にコスト・ベネフィットを計算する必要があろう。もう一つの重要な問題は、バンクに保存されているiPS細胞の質の保証である。細胞の常として、同じような方法で作り、同じように培養したとしても、同じ質の細胞ができるとは限らない。細胞は培養中に様々な変化をしやすいことを念頭に置く必要がある。iPS細胞バンクは、二〇一二年に京都大学の倫理審査委員会の承認を受けた。

凍結保存

iPS細胞バンクの細胞は、液体窒素(マイナス一九六度)容器内に凍結保存される。細胞を凍結するときの最大の問題は、細胞中の水分が凍って結晶を作り、その結晶が成長することによって、細胞が破壊されることである。このため、グリセリンなどの「凍結保護剤」の入った培地中で、ゆっくりと凍らせる方法が普通に行われている。しかし、この方法では、iPS細胞の多くは死んでしまう。iPS細胞の凍結保存のために、新しい工夫が必要になった。

もし、細胞中の水分が結晶を作らないよう、「ガラス状態」にできれば、安全に凍結保存できるはずである。このため、京大CiRAでは、二〇一二年、新しい凍結保護剤を開発し、急速凍結、急速解凍により、結晶ができるのを抑えることに成功した。その結果、iPS細胞の生存率は、一五パーセントから七五パーセントまで大幅に改善された。一つの目的を遂げるためには、様々な工夫と開発が必要なのだ。

(3) 腫瘍化の壁

iPS細胞は、発表されたときから、がん化するのではないかという心配があった。その最大の理由は、ヒトのリンパ腫から分離されたがん遺伝子、c-Mycが山中因子の一つとして入っていたことである。さらに、遺伝子導入のためのベクターに、レトロウイルスが使われていたのも気がかりであった。レトロウイルスは、ゲノムの中に入り込むとき、場所によってはがんを誘発することがある。夢の治療と言われていた遺伝子治療が下火になったのも、ウイルスベクターの導入によると思われる白血病が、フランスから報告されたからである。

iPS細胞のがん化リスクを低くするための工夫は、遺伝子とベクターの両方向から進められた。未受精卵と受精直後の卵子で高発現しているGlisl という遺伝子を使うと、c-Mycなしに iPS細胞を誘導できることが分かった。[1] しかも、Glisl によって誘導された iPS細胞の初期化の程度は高い。レトロウイルスベクターに代えて、ゲノムに取り込まれないセンダイウイルスベクター、細菌の核外DNAであるプラスミドなどが使われるようになった。さらに、山中因子の遺伝子から作られたタンパクでも、iPS細胞を誘導できたという報告も発表されている。[2] ウイルスベクターを用いることなく、直ぐに分解してしまうタンパクなのでより安全なのは確かだ。

「がん化」と書いてきたが、実際に問題になるとしたら、悪性のがんよりも、むしろ奇形腫のような良性の腫瘍である。しかし、良性の腫瘍でも、再生医療の効果を無にすることには変わりがない。第一章で述べたように、ES細胞の活発な増殖能は良性腫瘍を作り、その多方向への分化能によって奇形腫となる。したがって、再生医療において使用されるべき細胞は、分化の方向にコミットした細胞でなければならない。不十分な分化のままだと、奇形腫を作る可能性がある。ES細胞を用いた脊髄損傷の臨床研究は、袋状の「のう胞」を作ったために問題になった（後述）。

間葉系幹細胞は、ES／iPS細胞に比べると、増殖能が弱いし、遺伝子操作をしていないので、腫瘍化の可能性は少ないと思われている。

(4) 時間の壁

病気の始まりと進行は、それぞれの病によって異なる。永年にわたる生活習慣の積み重ねがあったにしても、患者から見れば、心筋梗塞や脳梗塞は突然発病し、あっという間に進行する。一方、パーキンソン病や加齢黄斑変性などは、いつの間にか病気になり、ゆっくりと進行する。急速に進行する病気に対しては、病気の進行に間に合うように、急いで治療手段が準備されなければならない。しかし、慢性の病気に対しては、それほど慌てることはない。

iPS細胞の問題点の一つは、時間がかかることである。患者自身の「マイ・iPS細胞」を作ろうとすると、細胞を採取し、培養に移し、遺伝子を導入し、iPS細胞にする。さらに、移植するときには、ES／iPS細胞を目的とする細胞まで分化させねばならない。それまでには、数週間かかることも少なくない。これでは、ハリソン・フォードの映画とは違って、『今そこにある危機（Clear and present danger）』の現場に駆けつけることはできない。

(5) 費用の壁

再生医療には、お金がかかる。たとえば、後述する加齢黄斑変性の治療には四〇〇〇万円もの金額が試算されている。なぜ、こんなに費用がかかるのだろうか。それは、細胞を培養し、治療用に調製するための費用が、信じられないくらい高くつくからである。

治療に使われる細胞は、厳重な清浄環境を備えた「細胞調製センター（CPC）」で培養され、調製される。さらに、臨床に使うためには、GMP（Good Manufacturing Practice）とGTP（Good Tissue Practice）という厳しい検査に合格しなければならない。この施設の維持と、二つの検査に相当のお金がかかってくる。

ES／iPS細胞を培養するための装置と培地も高額である。たとえば、ES／iPS細胞用の培地は、五〇〇ccで三万五〇〇〇円もする。一本五万円以上の超高級ワインで培養しているようなものである。因みに、この値段のワインをネットで探すと、ボルドーワインであればシャトー・マルゴー、ブルゴーニュであればシャンベルタン・グランクリュなどがある。さらに、ES／iPS細胞に分化を誘導するため、アクチビン、増殖因子などの生物製剤を何種類も使わねばならない。その試薬がまたものすごく高いのだ。

加齢黄斑変性や脊髄損傷などの再生医療は比較的少ない細胞数ですむが、肝臓や膵臓のような実質的臓器の機能を代償しようとすると、その一〇〇倍くらいの細胞数が必要になる。費用も細胞数に応じて当然高くなる。後述するように、I型糖尿病患者への膵島移植の費用は、培地、増殖因子だけでも六〇〇〇万円はかかるという。このままでは、費用の問題で、再生医療は頓挫しかねない。

(6) 規制の壁

幹細胞の研究は、これまで想像もしていなかったような研究を可能にした。ウィルマットのドリー・ヒツジの技術(第二章)をヒトに応用すれば、クローン人間を作ることができる。ミタリポフは、ヒト卵子への体細胞核移植によって、クローン胚由来のES細胞を作成したが(第五章)、サルでクローンを作ろうとしてもどうしてもできなかったので、ヒトではできないであろうという。しかし、可能性は残っている。iPS細胞から作った精子、卵子(第七章)を用いて受精に至ることも不可能ではない。さらに、ブタの体内で、ヒトの臓器を作ることも視野に入ってきた(後述)。確かに、放置すれば、思いがけないようなことが起こるのではないかと心配になる。

生命の基本に関わる生命倫理を野放しにするわけにはいかない。何かしらの規制が必要なのは間違いない。しかし、規制を作る段階で、様々な価値観がぶつかり合い、先に進めないことがある。まず、法律家の「原理主義的正義観」と研究者の「研究至上主義的推進論」がぶつかり合い、マスコミの「大衆迎合的非難報道」、内閣と経済官僚の「市場経済至上主義的圧力」、政治家の「一方的圧力」、財務官僚の「聖域なき財政縮小圧力」を何よりも恐れる官僚の「責任回避的先送り術」によって妥協を強いられる。パブリックコメントに出すと一般市民の「感情論的安全安心主張」と宗教家の「絶対的道徳観」によってたたかれる、という構図で規制が作られる。これでは、規制の壁は乗り越えられるはずがない。

そのようなせめぎ合いのなかで、倫理規定は少しずつ整備されてきた。世界医師会は、一九六四年、「被験者の利益は、科学と社会の利益より優先されねばならない」というヘルシンキ宣言を発表した。すべての倫理規定、指針は、このヘルシンキ宣言に則っている。わが国でも、ドリー・ヒツジが可能になった三年後(二〇〇〇年)には、クローン人間を禁ずる「ヒトに関するクローン技術等の規制に関する法律」が制定された。この段階までは、厳しく規制するという方針であったが、iPS細胞ができたことにより、少しずつ変わり始めている。二〇〇九年には、ES/iPS細胞に対応して、「ヒト幹細胞を用いる臨床研究に関する指針」が作られた。さらに、二〇一四年一一月には、再生医療を後押しする「再生医療安全性確保法」が施行された。この法律により、少数の症例でも有効性が推定でき、急性期の安全性が確認できれば、条件、期限を限って仮承認が得られるようになった。iPS細胞を用いるような再生医療は、従来よりも短期間で実用化するであろう。

(7) 有効性の壁

倫理、免疫、腫瘍化、時間、費用、規制などの問題をすべてクリアして治療にまで至ったとしよう。しかし、最後に、有効性の問題が残っている。患者さんの期待は大きい。失明した人は、もう一度家族の顔を見たいと思っている。車いすの人は、普通に歩ける日を夢見ている。再生医療は、そのような期待に応えることができるだろうか。実は、再生医療には失った機能をどこまで「再生」させることができるか、まだ分かっていないところが多い。夢の治療は、本当の夢に終わってしまうかもしれない。しかし、研究者たちは、夢を叶えようとして研究を続けている。

(8)　iPS細胞の壁

正直な話、iPS細胞の存在が、他の幹細胞研究の壁になっている場合がある。たとえば、iPS細胞があるのだから、ES細胞や間葉系幹細胞の研究なんて必要ないだろう、わが国としては、「オールジャパン」体制で、iPS細胞に集中すればそれでよいのだ、というような意見を言う人がいる（「オールジャパン」は、政治家、官僚用語で「他はいらない」という意味である）。誤解のないように付言すれば、山中伸弥が言っているのではない。京大CiRAの人たちが言っているのでもない。そのようなことを言うのは、科学技術の政策決定に関わる官僚や政治家であったり、生命倫理の専門家あるいはマスコミ関係者であることが多い。

再生医療を進めようとする場合、ES細胞は非常に重要な役割を担っている。ES細胞が、

iPS細胞による治療の先導役を担っている場合もあれば、ES細胞自身が再生医療の主役となる場合もある。たとえば、他家移植でも大きな問題とならないような脳内、脊髄内、眼球内への細胞移植の場合、ES細胞でも十分に役割をこなすことができるはずである。

わが国では、京大・再生医科学研究所と国立生育医療研究センターの二研究機関でES細胞が樹立されているが、それらは、本来研究用に作られたという理由で、治療には使えなかった。そのため、わが国では、ストックされたiPS細胞を、ES細胞の代わりに他家移植として用いることになる（本章、脊髄損傷、黄斑変性）。ES細胞の代理として使われたのでは、iPS細胞にとっても不本意なことであろう。

二〇一四年一一月、文科省と厚労省は、ES細胞も治療に使えるように指針を改めた。しかし、わが国で作られたES細胞が臨床に使われるのは、安全性の確立などに時間がかかるため、数年先になるであろう。

以下、再生医療のいくつかを紹介しよう。普通、骨髄移植と表皮細胞移植は、再生医療として紹介されることはないが、ここでは、組織幹細胞の移植による組織の再生という意味で、再生医療として取り上げた。歴史的な歩みをさかのぼることで、再生医療をより深く理解できるのではと考えたからである。

2　骨髄移植（造血幹細胞、ドン・トーマス、一九五七、治療法として確立）

ドン・トーマス（E. Donnall Thomas、一九二〇～二〇一二）は、ボストンの病院で研修医をしていたとき、脾臓あるいは骨髄を覆っておけば、致死量の放射線照射をしても、マウスは生きのびるという論文を目にした。数年後には、放射線照射したマウスに、正常な骨髄を移植すると、マウスは生き残るという論文が発表された。このことは、移植した骨髄の中に造血幹細胞が含まれていることを示唆している。トーマスは、骨髄移植が臨床に使えるのではないかと考えた。一九五七年、強力な放射線照射と化学療法を受けていたがん患者に対して、最初の骨髄移植が行われた。六人の患者のうち二人から移植した骨髄細胞が検出できたが、すべての患者は一〇〇日以内に死亡した。

骨髄移植の原理は、致死量を超える放射線（あるいは化学療法）によってがん細胞と共に死滅した造血幹細胞を、造血幹細胞によってレスキューすることである。その意味で、骨髄移植は再生医療の原点といってよい。

骨髄移植がヒトに簡単に応用できなかったのは、上述したように、移植の成立に必要なヒト白血球抗原（HLA）が解明されていなかったからである。シアトルの病院に移ったトーマスは、一九七二年、ＨＬＡのマッチした骨髄細胞を用い、白血病患者に対する最初の他家骨髄移植に成功した。以来、骨髄移植は、白血病、再生不良性貧血などの難治血液疾患に対する治療法としての地位を獲得した。現在では、骨髄の代わりに、臍帯血や末梢血に含まれる造血幹細胞を用いることが多い。骨髄移植後の重篤な合併症、ＧＶＨＤに対しては、後述するように、間葉系幹細胞を用いた再生医療が行われている。

テナー歌手のホセ・カレーラスは、一九八七年、『ラ・ボエーム』の撮影でパリにいるときに急性リンパ性白血病の診断を受け、生存できるチャンスは一〇パーセントしかないと宣告された（Wikipedia）。彼は、トーマスの率いるシアトルの病院で骨髄移植を受け、完治した。白血病から回復したカレーラスは、三大テナーの一人として世界中で演奏会を開いたが、加えて、白血病を克服できたことに感謝して、アメリカがん治療学会でもチャリティー演奏会を開いている。

造血幹細胞移植は、最も先駆的かつ最も成功した再生医療である。トーマスは、その貢献により、一九九〇年にノーベル医学賞を受賞した。共同受賞者は、腎臓移植を行ったマレー（Joseph E. Murray、一九一九〜二〇一二）であった。

3　火傷への表皮細胞移植（組織幹細胞、ハワード・グリーン、一九七九、実用化）

骨髄移植に続く、細胞移植医療は、ハワード・グリーン（Howard Green）による表皮細胞の移植であろう。私が研究生活に入った一九六〇年代、グリーンの論文は、私にとって教科書であった。彼は、その後のがん遺伝子研究において重要な材料となる3T3細胞株を樹立した。さらに、ヒト表皮細胞の培養法を確立した。一九七九年には、火傷の治療への応用を発表した。彼の培養方法を使えば、わずか一センチ四方の皮膚片を三週間以内に、六〇〇〇倍（〇・六平方メートル）の大きさの皮膚シートまで培養することができる。それを、火傷部位に自家移植して治そうというのだ。問題は、培養細胞をどのようにして火傷の部位に移植するかである。普通、細胞をシャーレから剝離するときには、タンパク分解酵素としてトリプシンを用いるが、この方法では、細胞もばらばらになり、シートとはならない。グリーンは、ディスパーゼという酵素に目をつけた。ディスパーゼを使えば、表皮細胞はばらばらになることはなく、一枚のシートとして剝離することができる。そのようにして得られたシートを、火傷の部分に貼り付ければよい。実は、このディスパーゼは、東大医科研の私の研究室の松村《まつむら》外《と》志張《しはる》が開発した酵素である。本来は、洗剤用として開発されたこの酵素が、予期しなかったことに、火傷の治療の役に立つことになった。

グリーンの方法による皮膚移植は、ひどい火傷を負ったワイオミング州の兄弟に劇的な効果をもたらした。火傷面積が体表の二〇パーセントを超えると、生命に関わりかねないといわれるが、この兄弟は体表の九〇パーセントが火傷であった。二人から小さな皮膚片をとり、培養した後に、皮膚に貼り付けた。二人は完全に回復し、ワイオミングに帰ることができた。

培養表皮細胞には、皮膚の表面を覆う表皮細胞の幹細胞は含まれているが、汗腺や毛のうを作る幹細胞は入っていないため、移植した皮膚は全体にのっぺりした印象を与える。しかし、命にはかえられない。グリーンは、二〇一二年に、その功績によりアメリカ発生医学会の賞を受賞している。

4　細胞シート培養（組織幹細胞、ES／iPS細胞、岡野光夫、一九九五、一部実用化）

ユタ大学で、温度応答性高分子ポリマーの研究をしていた岡野光夫《おかのてるお》は、日本に戻ってから、それを細胞培養に使うことを考えた。岡野は、温度によって性質の変わるポリマーを、シャーレの表面に、ごく薄く、二〇ナノメートル（五万分の一ミリメートル）に接着させた（一九九五年）。その薄い膜上で細胞を培養すると、三七度の時には、細胞は膜の表面にしっかりと付着しているが、少し温度を下げて三二度以下にすると、膜は親水性となり、細胞シートが膜から簡単に剝がれてくる。岡野の膜を使うと、酵素のように細胞を傷めることなしに、しっかりした細胞シートが得られる。[3]

ちょっとした技術の進歩がイノベーションに大きく貢献する。岡野の細胞シートはまさに発想の転換であった。細胞シートであれば、ちょうど絆創膏のように、必要なところに貼り付けることができるのだ。岡野は、東京女子医科大学を舞台として、医学から工学までの広い範囲の研究者と共同研究を展開した。いま、この方法は、角膜混濁、食道狭窄、心筋梗塞などに応用されようとしている。

図9−1　細胞シート培養法を開発した岡野光夫。この方法により、再生医療の応用範囲が広がった

感染や外傷により角膜が混濁すると、失明にいたる。わが国の失明原因の五パーセントは、角膜が原因という。それを治療するためには、角膜移植しかなかった。このために亡くなった方から提供された角膜を保存する「アイバンク」が整備されてきている。しかし、岡野の細胞シートを用いれば、角膜移植に頼らなくてもよい。角膜を必要としている

人から、口腔内粘膜を少し（三×三ミリ）取ってきて、培養細胞のシートを作る。混濁した角膜部位を除いて、その上に置くだけでよい。シートを剝がすときに酵素を使っていないので、縫合しなくとも、患部にくっつく。移植後直ちに、角膜は透明な上皮で覆われる。実は、角膜は、皮膚や口腔内上皮と同じく、扁平上皮という種類に属している。皮膚の細胞は表層を角化した細胞が覆っているが、口腔内の細胞は角化しないので、より角膜に近いことになる。大阪大学の西田幸二《にしだこうじ》は、岡野のシートを用いて、すでに三〇例の治療に成功している。(4)「目は口ほどにものを言い」というが、「口は目となりものを見る」という逆の現象が実現したのである。

この方法は、食道がん手術後の食道狭窄にも応用されている。食道がんを内視鏡下で粘膜を剝がすように切除すると、その部分で狭窄し、食事が通らなくなることがある。粘膜を剝離した箇所に、口腔内粘膜から作った細胞シートを自家移植すれば、狭窄が元通りになるというわけである。この方法はスウェーデンのカロリンスカ大学と共同研究が進行中だという。細胞シートの応用範囲は、さらに軟骨などにも広がっている。

血管つき三次元シート

角膜移植は、一層の細胞から成るシートで十分であったが、厚さが一センチもある心臓に応用するのには、心許ない。三枚までは重ねられるが、それ以上は、血管による栄養補給システムがないと無理である。そこで、岡野は、血管の元となる血管内皮細胞を混ぜて培養したところ、シート内で血管ができてきた。次のステップは、シート内の血管を体の血管とつなぐことである。しかし、心配する必要はなかった。体の中に埋め込むと、シートの中に入ってきた体の血管がシートの中の血管と自然につながったのである。

組織ファクトリー

治療用の細胞は、厳密にコントロールされた清浄環境の「細胞調製センター（ＣＰＣ）」で培養される。大量の細胞が必要になるので、培養装置も自動化しなければならない。さらに、培養された細胞をシートにし、それを重ねて多層のシートにしようとすると、そのための装置も作らねばならない。組織ファクトリーと言ってもよいような設備が必要になる。

ファクトリーを作るとなると、ライフサイエンス系の研究者にはとても手に負えない。岡野自身は工学部の出身であるが、彼が所属するＴＷＩｎｓ《ツインズ》（東京女子医科大学・早稲田大学連携先端生命医科学研究教育施設）は、医学と工学が連携して研究を進めるための理想的な環境といえる。ツインズは、早稲田大学の工学研究と東京女子医大の医学研究の連携の場として、二〇〇八年に、東京女子医大のキャンパスに作られた。工学系と医学系の研究者が一つ屋根の下で研究しているので、お互いに問題点を共有し、新しい装置、治療が生まれてくる。

5　拡張型心筋症（組織幹細胞、iPS細胞、澤芳樹、二〇〇七、実用化）

医師出身の作家は多いが、海堂尊は、死後の画像診断（Autopsy imaging）の重要性を訴えるなど、医師（病理医）としての立場も一貫している。二〇〇六年、海堂は『チーム・バチスタの栄光』により、推理小説家として登場した。

「チーム・バチスタ」とは、どんなチームなのか。「バチスタ」手術を行うために結成された、心臓外科医七名のチームである。ブラジルの心臓外科医バチスタ（Randas José Vilela Batista）の名前を取ったこの手術法は、心臓移植以外に助かる見込みのない拡張型心筋症患者に対して行う左心室の縮小手術である。心筋が弱ったために伸びきった心臓の一部を切り取り、心臓を縮小して、収縮力を回復させよう、というのが手術の目的である。

この小説は、二〇〇八年、阿部寛、吉川晃司の主演で映画化された。実は、映画の病院ロケとして使われたのは、岐阜大学の病院であった。二〇〇四年国立大学法人化と同時に新築した病院は、映画に使われるくらい、すべてにおいて素晴らしいが、学長の私にとって頭が痛かったのは、建築費用の五五七億円という負債を、法人化したからには「返すのはお前だ」とばかりに、大学に押しつけられたことであった。その顛末については『落下傘学長奮闘記』に書いた。

「チーム・バチスタ」は、いま、「チーム・サワ」にとって代わられようとしている。大阪大学の澤芳樹《さわよしき》の率いる「再生医療手術」チームの努力によって、拡張型心筋症は、今や、心臓移植やバチスタ手術によらずとも、治せる病気になったのだ。最初の手術症例は、映画の撮影開始と同じ二〇〇七年、五六歳の男性であった。それから、七年以上経った今も、その患者は、元気に普通に生活を送っているという。

この画期的な手術法は、意外なほど簡単である。足の筋肉を少し取り、コラゲナーゼというタンパク分解酵素で細胞をばらばらにして、培養する。大部分の筋肉の細胞は、培地中に浮いたままで、増殖することはないが、そのなかの一部の細胞がシャーレの底に付着して増殖を始める。この付着した細胞が「筋芽細胞」、すなわち、筋肉となるべき組織幹細胞である。それを、前項の岡野の方法でシートにして、三枚を貼り合わせて、拡張している心臓の表面に貼り付ける。それだけ

図9−2　拡張型心筋症の新しい再生医療を開発した澤芳樹

である。

足の筋肉が心臓の筋肉になって心臓を回復させた、と思うかもしれないが、そうではない。筋肉には、足の筋肉のような横紋筋、腸管などの平滑筋、それに心筋の三種類がある。横紋筋を心筋に直接転換（第五章）することはまだできていない。それなのに、なぜ、心筋は回復するのだろうか。それは、移植された足の筋肉が、心筋が回復できるような環境を整えるからである。心筋を増殖させるような増殖因子（ＨＧＦ）、血管の新生を促す因子（ＶＥＧＦ）、幹細胞を呼び込む因子（ＳＤＦ－１）などが総合的に働いて、心筋が増えはじめ、心臓の壁が厚くなり、心臓から送り出す血液の量（駆出量）が回復する。

わが国には、拡張型心筋症の患者が、数千人はいる。そのうち、人工心臓の手術を受ける患者が、年間一〇〇〜一五〇人、心臓移植の患者は四〇人程度という。小児の拡張型心筋症にいたっては、一〇〇例ほどの心臓移植手術が必要なのに対し、年間の心臓移植は三〜五例にすぎない。これまでに澤芳樹が筋芽細胞移植を行った拡張型心筋症患者は三〇例に上る。元気になったのをいいことに不摂生をした一例を除き、全員が元気である。小児の最初の手術も、二〇一四年に行われた。

問題は、心臓の血液駆出量が正常の半分以下になったような進行した患者に対しては、足の筋肉では効果がないことである。澤は、そのような患者に対しては、ｉＰＳ細胞を使うことを考えて研究を進めている。心筋に分化したiPS細胞のシートによって、収縮力を上げようという考えである。「チーム・サワの栄光」は、さらに輝きを増すことであろう。

6　加齢黄斑変性（iPS細胞、高橋政代、二〇一四、臨床試験開始）

黄斑でものを見る

幼かった孫から、「おじいちゃんはお目めが小さいのに、よく見えるの？」と聞かれたことがある。あまりに鋭い質問に「よく見えるよ」と答えるのが精一杯であった。「それはね、お目めの大きい人も小さい人も、みんな黄斑という、うんと小さなところで見るからだよ」と答えればよかったことにあとで気がついた。

しかし、「黄斑って何」と聞かれたら、説明が難しかっただろう。そもそも「黄斑」という言葉自体、分かったようで分からない。黄斑は、網膜の中心にある直径一・五〜二ミリ程度、中心がくぼんでいる黄色に見える部分である。このため、黄色いシミのような名前がつけられた。実際、学名でもmaculaというシミを表す言葉が使われている。ものを見るときの光線の九〇パーセントは、この小さな黄斑に集まってくる。つまり、われわれは、「シミ」でものを見ているのだ。

その黄斑が変性してきたら、大変なことになるのは誰にでも分かるだろう。加齢黄斑変性(age-related macular degeneration)になると、最初は、ものがゆがんで見えたり、視野の中心が暗くなったりする。進行すると、周辺部は見えているのに、中心が重度の視力低下におちいり、「社会的失明」といわれる状態になる。わが国では失明原因の四位、アメリカでは一位であるという。名前の通り、加齢とともに増え、わが国では、五〇歳以上の人の一パーセントが罹患している。

カメラでいうとフィルムに当たる部分(デジタルカメラになった今は、イメージセンサーというべきかもしれない)にあるのが、網膜である。網膜には光を感じる視細胞が並んでいる。網膜の下には、黒い色の網膜色素上皮細胞が一層きれいに並び、さらにその下には、血管に富む脈絡膜がある。酸素をたくさん消費し、代謝回転の速い視細胞をメンテナンスする上で、網膜色素上皮細胞は欠かせない存在である。この細胞が加齢により変性すると、視細胞の老廃物を処理できなくなり、網膜色素上皮細胞の下にたまってくる。さらに、下の脈絡膜から血管が這い出してくる(滲出型)。このため、視細胞の機能が落ちてくるのだ。この病気を根本的に治すためには、網膜色素上皮細胞を若返らせるのが一番である。

二〇一四年の一〇人に選ばれる

二〇〇〇年、高橋政代は、同じ理研ＣＤＢの笹井芳樹がサルＥＳ細胞から作った神経視細胞を見せてもらった。そこには茶色の細胞の塊が散在していた。彼女は、一見して網膜色素上皮細胞だと思った。これは加齢黄斑変性の治療に使えるのではないか。アメリカに留学していたときから、神経幹細胞を網膜に移植するといってはボスに笑われ、山中伸弥に世界初の臨床応用をお願いするといわれたとき、「五年でやります」と答えた高橋の執念が実る時がきたのだ。

実は、笹井と高橋、彼女の夫の高橋淳、そして治療を行う先端医療センター眼科統括部長の栗本康夫《くりもとやすお》は、京大医学部の同級生である。本章で紹介するように、高橋淳はｉＰＳ細胞によるパーキンソン病の治療を進めている。医学部の同級生は、他の学部では考えられないような連帯感で結ばれている。一〇〇人ほどのクラス全員が一緒に六年間学んでいるだけではない。卒業しても、患者の相談、診療など、お互いに助け合うからである。ｉＰＳ細胞もまた、同級生の助けによって患者のために応用されようとしている。

図9−3　iPS細胞による再生医療の先頭に立つ高橋政代。ネイチャー誌により、2014年の10人に選ばれた

ｉＰＳ細胞を用いた再生治療は、まだ、可能性

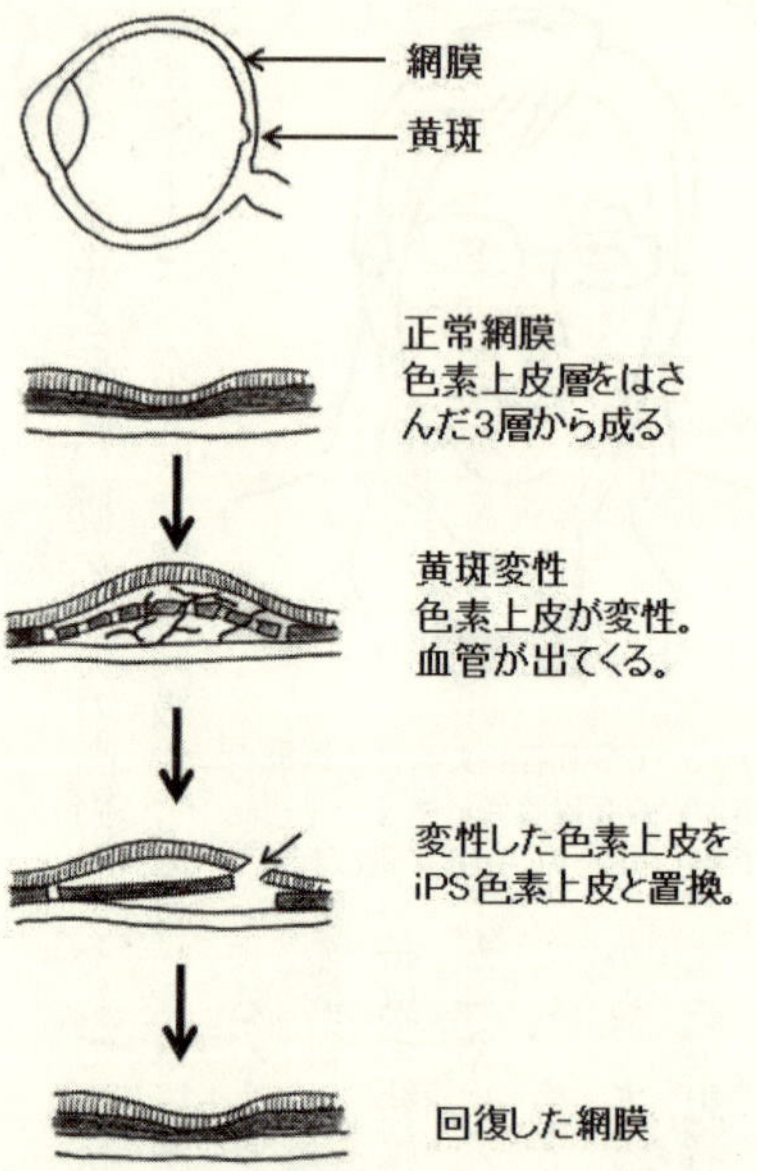
網膜
黄斑
正常網膜
色素上皮層をはさんだ3層から成る
黄斑変性
色素上皮が変性。
血管が出てくる。
変性した色素上皮を
iPS色素上皮と置換。
回復した網膜

図9－4　加齢黄斑変性のiPS細胞による治療。理研CDBで進められている世界最先端の臨床研究

の目安をつける「臨床研究」の段階であるが、まったく新しい治療であるだけに、医療倫理の立場から十分に検討されなければならない。病院と研究所の倫理審査委員会、さらに厚労省の審査委員会で審査される。そのために必要な実験、調査、書類などは膨大なページ数に達するであろうことは想像に難くない。しかし、彼女の夢と執念は、実現に一歩近づいた。二〇一三年七月、政府がゴーサインを出したのだ。

臨床研究は、条件にあった六人の患者を選ぶところから始まった。患者から分離したｉＰＳ細胞を新たに開発した方法を使って網膜色素上皮細胞にまで分化させる。それを患者の網膜の下に植え込む。移植するｉＰＳ細胞のシートは、黄斑に合わせて二ミリ四方もあれば十分である。[5]

目の病気がｉＰＳ細胞の臨床応用の最初に選ばれたのは、いつでも眼底を観察できるからである。光干渉断層計という最新の技術を使えば、網膜の下の方にある網膜色素上皮に何が起こっているかも観察できる。もし、移植した細胞が急に増えだしたとしても、レーザー光線で焼けばよいのだ。

ｉＰＳ細胞作りに四〜五ヶ月、色素上皮細胞に分化させるのに三ヶ月、それをシートにするのに二ヶ月、合計一〇ヶ月はかかるというが、黄斑変性はゆっくりと進行する病気なので、患者に待ってもらうことができる。細胞を調製する費用のすべてを合計すると、一人あたり四〇〇〇万円に達するだろうという。黄斑変性治療には、眼科医の鍵本忠尚《かぎもとただひさ》によって創立されたベンチャー企業、「ヘリオス（Healios）」が協力している。自家ｉＰＳ細胞の代わりに、ｉＰＳ細胞バンクの他家ｉＰＳ細胞を用い、シートの代わりに、細胞そのものを一〇〇万個程度移植する方法を使えば、時間もコストも抑えられるはずと見込んでいる。目標は、一人五〇〇万円まで下げることだという。

二〇一四年九月、最初の治療が七〇歳台女性の加齢黄斑変性（滲出型）患者に対して行われた。今回は、ｉＰＳ細胞移植の安全性の検討が主目的である。すでに症状の進んだ患者を対象としているところから、視力の大幅な回復は期待されていない。

高橋政代の外来は、初診が一年待ちだという。彼女の研究には、神戸の、そして世界の患者の期待がかかっているのだ。中学時代バスケットをしていた彼女は、ただ黙って立っていたのでは、パスをもらえないことを知っている。二人の子供を育てながら、再生医療という目的に向かい、走り続け、受け取ったパスが、iPS細胞なのだ。目的に向かって走る人は美しい。

二〇一三年の暮れ、ネイチャー誌は、高橋を二〇一四年に期待する五人の一人とした。そして、一年後、同誌は、二〇一四年の一〇人に選んだ。彼女は、世界の期待に応えて、iPS細胞による世界最初の再生医療をやり遂げたのだ。彼女によって、STAP細胞のスキャンダルでうちひしがれている理研CDBの研究者にとっても光が見えてきた、とネイチャー誌は伝えている。

世界が狙う実用化

加齢黄斑変性をターゲットに再生医療を進めようとしているのは、高橋政代のグループだけではない。アメリカのベンチャー企業であるアドバンスト・セル・テクノロジー社(Advanced cell technology)は、笹井・高橋の網膜色素上皮細胞の方法をいち早く取り入れて、ES細胞を用いる加齢黄斑変性治療を開始した。その成果が二〇一四年に発表された。(6) 萎縮型加齢黄斑変性の患者九人と、若年性黄斑変性（Stargardt型）の九例を対象として選び、ES細胞から分化させた網膜色素上皮細胞を、五万、一〇万、一五万個の三段階で移植した。高橋が、細胞シートを用いているのに対し、アメリカの企業はより簡単なばらばらの細胞を移植している。二年近い観察期間の間、特別な有害事象は見られなかった。移植した一八の目のうち、一〇の目で視力の改善が見られたという。視力〇・〇五が〇・五まで回復した患者もいる。(7)

『蔵』の悲劇

宮尾登美子の小説『蔵』は、小学校入学を前に「網膜色素変性症」に発症し、やがて失明する越後の蔵元の一人娘をめぐる悲しい物語である。松たか子が演じたテレビドラマが印象に残っている。色素変性という名前がついているが、この病気は、網膜色素上皮とは関係なく、網膜の視細胞の変性による疾患である。神経に直結する視細胞だけに、黄斑変性よりは、難しい治療になるであろうが、高橋はすでに、マウスでの治療実験を開始している。(8)『蔵』のような悲しい物語が解決できれば本当に素晴らしい。

7　GVHD（間葉系幹細胞、ルブロン、二〇〇四、申請中）

GVHDという病名を耳にしたことのある人は少ないであろう。Graft versus Host Diseaseの略、日本語では「移植片対宿主病」と訳されている。GVHDは、自然に起こる病気ではない。骨髄移植に際して、二次的に引き起こされる合併症である。その実態は、自己免疫の逆である。自己免疫は、自分の体のリンパ球が自分の体の一部を敵とみなし攻撃するのに対し、GVHDは、移植されたリンパ球がホストである移植先の体を攻撃することによって起こる病気である。GVHDになるのは、必ずしもドナーとホストのHLA型が一致していなかったためというわけではない。完全に一致していても起こりうる。

わが国では、年間三〇〇〇例の骨髄移植治療が行われている。GVHDは、骨髄移植を受けた人の約三分の一に発症する。GVHDを発症した患者にはステロイドの大量療法が行われるが、半分の症例はステロイド抵抗性となり、その七〇パーセントは死亡する。骨髄移植を受けた患者の一〇パーセントは、GVHDによって死亡することになる。せっかく、骨髄移植によって治癒する望みをつかんだのに、思いもよらぬ合併症で死ぬのは、本人はもとより、家族にとってもあきらめきれない思いであろう。

重症のGVHDに対して、間葉系幹細胞の移植が有効であるとの症例報告が、二〇〇四年、カロリンスカ大学からランセット誌に発表された。(9) 骨髄から採取された間葉系幹細胞が、GVHDが起こっている局所に働いて、免疫反応を抑えるためと思われる。芦屋にあるJCRファーマは、この技術のライセンスを獲得し、臨床研究を行っている。わが国では、商業利用のために骨髄液を採取することはできないため、アメリカから輸入し、神戸の細胞調製センター（CPC）で間葉系幹細胞を分離し、凍結保存するという方法をとっている。一人のドナーから、一〇〇〜二〇〇人分の治療が可能という。他家移植となるが、間葉系幹細胞はもともと抗原性が低いので、大きな問題はないという。

私の医科研時代の同僚、小澤敬也《おざわけいや》は、わが国の一四施設から骨髄移植後のGVHD患者二五例を集め、安全性と有効性を見る研究（Ⅱ＋Ⅲ相）を行った。一回に二億個の間葉系幹細胞を、週二回四週間にわたり投与したところ、二五症例のうち一二名（四八パーセント）が、二四週以上継続して治癒した。何もしないときは数パーセント、ステロイド療法でも二〇パーセントにすぎないので、その効果は明らかである。現在、二〇一五年の承認を目指して申請中である。承認されれば、わが国最初の商業的再生医療になるであろう。さらに心筋梗塞、I型糖尿病、クローン病（消化管の炎症性疾患）などへの有効性について、間葉系幹細胞を用いた研究が行われようとしている。

8　パーキンソン病（iPS細胞、高橋淳、申請準備段階）

映画『バック・トゥ・ザ・フューチャー』は、何回見ても面白い。スケートボードを軽快に乗りまわすマイケル・J・フォックスが印象に残っている。その彼が、パーキンソン病になったのだ。彼は、自著『ラッキーマン』のなかで、病気に最初に気がついたときのことを次のように述べている[10]（『ラッキーマン』というタイトルは、前章で紹介したゲーリッグの引退の挨拶から引用したのであろう）。

目が覚めるとぼくの左手にメッセージがあった。それはぼくを震え上がらせた。そのメッセージはファックスでも電報でもメモでもなかった。心を乱すニュースはそういう形で伝えられたのではない。実際、ぼくの左手にはなにもなかった。震えそのものがメッセージだったのだ。

それは、『バック・トゥ・ザ・フューチャー』が公開されてから五年後の一九九〇年、彼が二九歳の時であった。

フォックスは、薬を飲み、手術まで受けて、病気を隠しながら仕事を続けたが、ついに八年後の一九九八年、病気を明らかにした。彼は、この病気を抱えながら、いかに心豊かで生産的な生活を送ってきたかを語った。反響は好意的であった。大勢の人は、彼が恐れていた同情ではなく、純粋な共感を感じてくれた。人々はパーキンソン病という病気そのものに関心をもってくれた（この病気については前章で説明した）。

フォックスは彼の名前をつけたパーキンソン病研究支援のための財団を作った。ブッシュ政権が倫理問題を理由に、ES細胞研究への政府予算使用を認可しなかったため、彼の財団は、二五〇万ドル（二億五〇〇〇万円）の研究費をES細胞の研究に寄付した。

映画『レナードの朝』（一九九〇年）も、印象に残っている映画である。嗜眠性脳炎で眠り続ける患者がLドーパ（ドーパミンの製剤）によってよみがえる。再び、人々や社会と接することができるようになった患者たちは、やがて薬が効かなくなり、また眠りの世界に戻ってしまう。映画の主役は、医師役のロビン・ウイリアムズと患者役のロバート・デ・ニーロであったが、本当の主人公はLドーパであった。

フォックスは、Lドーパの効き方をオン・オフで説明している。それはジキルとハイド

図9−5　高橋淳は、iPS細胞を用いたパーキンソン病の再生医療を進めている。実用化は近い

のようだという。Lドーパが効いているオンのとき、薬が体を支配し、体はなめらかに動く。しかし、薬が切れてくると、病気が体を支配し、体はハンガーにつり下げられているようになる。これを一日に三回も四回も繰り返すのだ。

薬の代わりに、ドーパミンを作り出す細胞を脳の中に植え込めば、いつでもオンになるはずである。スウェーデンのルンド大学は、中絶胎児の脳を患者の脳に植え込むという手術法を考え出した。この手術が有効であることは確認されているが、胎児の脳を使うという倫理問題と精神的な抵抗のために普及していない。

iPS細胞からドーパミンを作る細胞ができれば、倫理的・精神的な抵抗感も少なくなるはずである。iPS細胞が発表されてから一年半後には、MITのイエーニッシュが、マウスiPS細胞からドーパミンを作る細胞に分化させ、パーキンソン病を発症させたラットの脳に移植したところ、効果が見られたことを報告している。[11]

京大CiRA副所長であり、脳神経外科医でもある高橋淳は、ヒトのES/iPS細胞から神経細胞を作り、さらにドーパミンを作るような細胞に分化させた。移植には、約一〇〇〇万個の細胞が必要だが、それだけのドーパミン産生細胞を作るためのプロトコールは、二〇一四年に発表された。[12]ドーパミン産生細胞を、薬剤でパーキンソン病となったサルの脳に注入したところ、その効果は明らかであった。ほとんど動けなかったサルが、自由に動き回れるようになり、その効果は一年も続いた。

ドーパミン産生細胞を移植する方法は、すべてのパーキンソン病患者に有効というわけではない。残念ながら、病気が進行し、Lドーパが効かなくなった患者（ドーパミン受容体に問題のある人）には効かないことが分かっている。

高橋は、今、iPS細胞を使ったパーキンソン病治療のための準備を進めている。この臨床研究が承認されれば、加齢黄斑変性に続いて、わが国発のiPS細胞による治療が開始されるであろう。加齢黄斑変性のiPS細胞治療を進めている高橋政代と、お互いを「いい伴侶で、いい戦友」と認め合う仲である。夫婦そろって、iPS細胞臨床応用の先頭に立つ。

9　脊髄損傷（ES／iPS細胞、岡野栄之、申請準備段階）

パラリンピックのスキー滑降競技は迫力がある。下半身をチェアスキーに縛り付け、一本のスキー板の上でバランスを取り、急斜面を滑り降りるのだ。その技術と度胸に驚嘆すると同時に、どうして車いすの生活になったのかと思う。もともとスピードに強い人でなければ無理な競技である。おそらく、バイクの事故だったのではなかろうかと推測する。事実、脊髄損傷事故の四四パーセントはオートバイ事故などの交通事故である。

図9−6　脊髄損傷の再生医療実現を目指す岡野栄之。ES／iPS細胞の神経疾患への応用を広く研究している

岡野《おかの》栄之《ひでゆき》は、私が東大医科研にいた頃、神経関係の研究室の助教であった。すごく優秀な若手がいると思い、その後の彼の研究に注目していた。岡野は、今、慶応大学で神経再生研究の最前線にいる。彼のテーマの一つは、脊髄損傷の再生医療である。岡野はまず実験的に脊髄損傷を作ったラットに神経幹細胞を移植し、歩けるようにした。次に霊長類のマーモセットに脊髄損傷を作り、ヒトiPS細胞由来の神経前駆細胞を移植して歩けるようにした。今度は人間の番だ、と誰もが期待している。

先を急ぎたい気持ちは分かるが、その前に、神経組織のあらましを知っておく必要がある。神経組織は大きく神経細胞とその隙間を埋めるグリア(glia)細胞(神経膠《こう》細胞)からできている。後者は、膠《にかわ》のように神経組織を維持するのでそのような名前がついている。神経細胞は普通の細胞と違って、樹木のようにたくさんの枝をもつ「樹状突起」と、時に一メートルを超すような一本の長い突起「軸索」をもっている。これらの突起の先端には、シナプスと呼ばれるインターフェースで他の神経細胞とつながり、コミュニケーションをとる。神経を流れる情報の伝達速度は、秒速一二〇メートルに達するという。グリア細胞は、大きく、アストログリアとオリゴデンドログリアの二種類に分けられる。グリア細胞は、神経細胞に栄養を送り、あるいは軸索の周囲を電気のコードのように覆い、電気シグナルの漏洩を防ぐ。

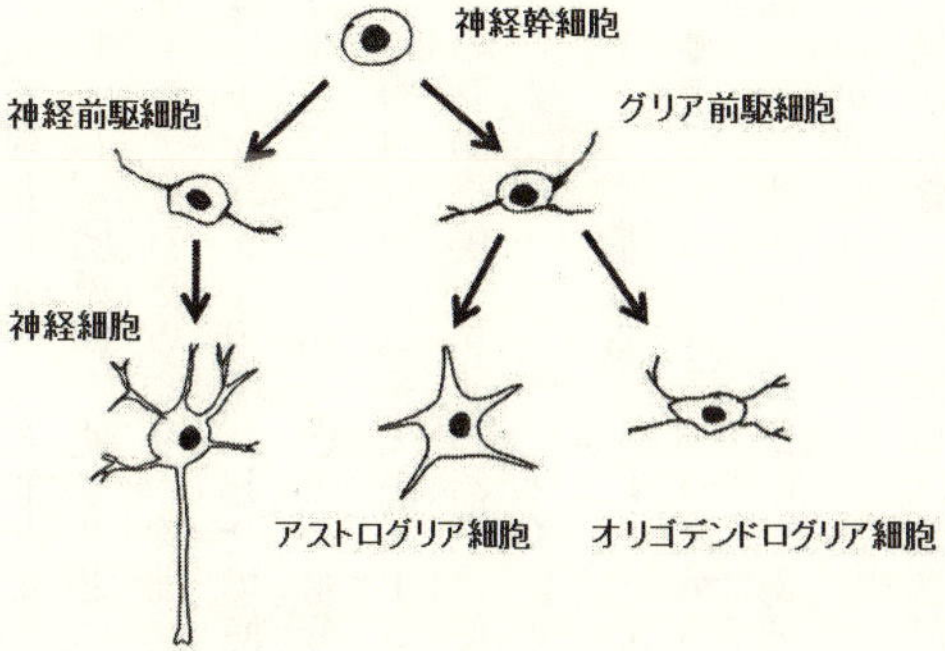

図9−7　神経細胞の分化。神経幹細胞から神経前駆細胞とグリア細胞系に分かれ、さらに分化する

神経細胞は、その一〇倍くらいの数のグリア細胞に支えられて、神経としての機能を果たしている。

　交通事故などにより脊髄が切れてしまうと、脳から体への運動の信号も、体から脳への知覚信号も届かなくなり、車いすの生活を余儀なくされる。とすると、切れた脊髄をもう一度つなげばよいことになる。損傷を受けたところに、神経細胞とグリア細胞を移植して神経を再生できないであろうか。岡野は、iPS細胞ができる前から、この問題に取り組んでいた。二〇〇二年には、マウス、ラットの胎児脳から神経系の幹細胞を分離培養し、脊髄損傷モデルに移植した。二〇〇五年には、ヒト胎児脳から分離した神経幹細胞を霊長類のマーモセットに実験的に作った脊髄損傷モデルに移植した。

しかし、胎児脳を使うことには、倫理的問題があるため、ES／iPS細胞を使うようになった。そのためには、幹細胞を神経細胞とグリア細胞にまで分化させねばならない。様々な分子をうまく組み合わせて使えば、四段階のステップを経て、神経細胞とグリア細胞まで分化させることができるのも分かってきた。

岡野は、マウスやヒトiPS細胞から神経前駆細胞を作り、それをマウスだけでなく、サルの脊髄損傷モデルの治療に使った。治療実験は、期待したとおりであった。後足を引きずるように歩いていたマウスもマーモセットも、移植後は普通に歩けるようになったのである(13)。ビデオで、歩けるようになった動物たちを見ると感動する。歩けるようになったのは、新しい軸索によって神経がつながったのかもしれないし、グリア細胞によって信号が流れやすくなったためかもしれない。あるいは、移植細胞から栄養因子などが分泌され、再生が促されたのかもしれない。

傷ができても、傷口はふさがれ、いつしか治る。脊髄損傷の場合も、最初は出血、炎症などの生体反応が起こり、傷口を治そうとする。さらに時間が経つと、今度はグリア細胞が集まってきて「グリア瘢痕《はんこん》」となって、傷口をふさいでくれる。しかし、傷口を治すメカニズムが今度は再生医療を妨げることになる。グリア瘢痕に、神経の細胞を移植しても受け入れられない。受傷後どのくらいの時に、再生医療を行えばよいのだろうか。岡野によると、ヒトの場合、事故後二～四週間であれば、移植が成功する率が高いという。移植に必要な細胞は、五〇〇万から一〇〇〇万個。それほど多い細胞数ではない。

受傷後間もない急性期の患者には、「時間の壁」という問題がある。iPS細胞で治療しようとしても、「マイiPS細胞」を作り、それを神経細胞までに分化させるのは、半年くらいの時間がかかってしまう。とても受傷後二～四週（亜急性期）には間に合わない。この「壁」を乗り越えるためには、iPS細胞ストックあるいはES細胞を用いることになる。岡野は、今、iPS細胞ストックから作った神経前駆細胞を、受傷後二～四週間の患者に用いるべく、申請準備中である。あえてヒトiPS細胞ストックを他家移植として用いるのは、わが国には、臨床研究に使えるようなES細胞がないためである。

再生医療を切実に必要としているのは、車いすで生活している人たちである。しかし、このような損傷後時間が経った慢性期の患者では、傷口がすでに「グリア瘢痕」になっているため、細胞を移植しても受け付けない。まず、瘢痕を治さねばならない。それには、大阪大学の岸本忠三が発見したIL-6というサイトカインへの抗体と中村敏一《なかむらとしかず》の発見した肝細胞増殖因子（HGF）が有効であることが分かってきた。二〇一四年からすでに、慶応大学を中心に、HGFの臨床研究が始まっている。瘢痕化した傷をもつ車いすの人たちの脊髄損傷治療も視野に入ってきた。

ジェロン社

アメリカ・カリフォルニア州のバイオ企業、ジェロン（Geron）社は、ブッシュ大統領からオバマ大統領に代わると、骨髄損傷患者に対するES細胞を用いた再生医療をアメリカ食品医薬品局（FDA）に申請した。申請書は、それまでにないような二万八〇〇〇ページに達するものであったという。マウスの実験で、移植部位に「のう胞」という袋状の良性腫瘍ができたため、認可は遅れたが、結局二〇一〇年一〇月から臨床研究が始まった。最初の患者は、交通事故で脊髄損傷を受けたアトランタの男性であった。事故後二週間目、損傷部位に二〇〇万個のES細胞由来のグリア細胞（オリゴデンドログリア前駆細胞）を移植した。特に重篤な副作用もなかったが、効果もなかった。

ジェロン社は、二〇一一年一一月、突然、脊髄損傷患者への再生医療打ち切りを発表した。理由は、再生医療よりも、より実現性の高いがんの治療に資本を回すためということであった。それまでに治療を受けた五人の患者は一五年にわたって追跡することも報告された。ジェロン社のこの決定は、社会の失望を招き、株価は三五パーセントも下落した。ジェロン社のもつこの技術は、別のバイオベンチャーに売り渡され、再開されたという（Wikipedia）。

スーパーマン

映画『スーパーマン』でスーパーマンを演じたクリストファー・リーヴ（Christopher Reeve、一九五二〜二〇〇四）は、四三歳の時、乗馬競技中に落馬し、脊髄（第一第二頸椎間）損傷により、首から下が麻痺した。スーパーマンが車いすの生活になったのに誰もがショックを受けたが、彼は負けなかった。「クリストファー・アンド・ディナ・リーヴ麻痺資源センター」を開設し、身体の麻痺に苦しむ人たちに、独立して生きることの大切さを教えた。ブッシュ政権下にあって、リーヴは、幹細胞を用いた再生医療を目指して、熱心にロビー活動を行った。死の直前、彼は、カリフォルニアに、再生医学研究所を作る法案に賛成するよう市民に呼びかけた。その法案は、彼の死後一ヶ月後に可決された。死因は感染症であった。

「ヒーローとは何か？」というインタビューに対して、『スーパーマン』の映画撮影中のリーヴは「先のことを考えずに勇気ある行動をとる人のこと」と答えていたが、事故を起こした後は「どんな障害にあっても努力を惜しまず、耐え抜く強さを身につけているごく普通の人」と答えている（Wikipedia）。彼は、その意味で本当の「スーパーマン」であった。

10　Ⅰ型糖尿病（iPS細胞、宮島篤、ダグラス・メルトン、研究段階）

ニコール・ジョンソン（Nicole Johnson）は一九九九年のミス・アメリカ、そして糖尿病患者である。ミス・アメリカが糖尿病になったのではない。糖尿病患者がミス・アメリカになったのである。彼女が一九歳のとき、ミス・フロリダの予選会場で突然激しい症状におそわれた。歩くどころか立ち上がることさえできず、意識を失いかけた。予選会のあと、ニコールは病院に行った。血糖値は五〇九もあった。昏睡に陥ってもおかしくない状態であった。ただちにインスリンの点滴が行われた。

糖尿病は彼女の人生を変えた。ミス・コンテストに出ることをあきらめたのではない。自分のおかれた境遇を嘆かず、糖尿病を隠すこともせず、インスリンの注射を打ちながら、コンテストを戦った。そして、彼女は一九九九年のミス・アメリカに選ばれた。彼女は、ミス・アメリカの機会を最大限に利用し、糖尿病に対する理解を広めることにした。

ニコール・ジョンソンをおそったのは、Ⅰ型糖尿病である。生活習慣の積み重ねの結果としてなる糖尿病（Ⅱ型）と異なり、Ⅰ型糖尿病は、多くは自己免疫、時にはウイルス感染（ニコール・ジョンソンの場合）によって、膵臓のインスリンを作る細胞が壊されるために突然発症する。わが国を含むアジアでは比較的少ない（人口一〇万人あたり一・六人）が、ヨーロッパ、特にスカンジナビア諸国では、人口一〇万人あたり三六人を数える。I型糖尿病は、一九二一年にインスリンが発見されるまで、悲惨な病気であった。突然発症した患者は、何のすべもなく、死ぬのを待つだけであった。

膵臓には二つの役割がある。一つは消化酵素を出すこと、そしてもう一つは、インスリンを出すことである。インスリンを出すのは、膵臓の中に「島」のように浮かんで見える「膵島」である。膵島は、発見者に因んで「ランゲルハンス島」とも呼ばれる。因みに、村上春樹の『ランゲルハンス島の午後』という短編小説は、インスリンとまったく関係のない話である。膵島には、アルファ細胞とベータ細胞の二種類がある。ベータ細胞がインスリンを分泌し、アルファ細胞は、グルカゴンという血糖値を上げるホルモンを出す。インスリンを分泌するベータ細胞だけを移植すればよいのではと思うかもしれないが、それほど簡単ではない。血糖に反応してインスリンを分泌するためには、アルファ細胞と一緒になって三次元の膵島という構造を作らねばならない。肝臓の場合もそうだったが、三次元の組織構造は、本来の機能を発揮する上で、必要な条件であることが分かってきた。

われわれは、空腹と満腹を繰り返しながらも、狭い範囲の血糖値を維持している。それは、血糖を下げるホルモンと上げるホルモンが、バランスよく協調して働いているからである。

不公平なのは、血糖値を下げるホルモンはインスリン一種類なのに、上げるホルモンは何種類もあることである。これは、ヒトを含めて生物は、常に空腹にさらされてきたことと無関係ではないであろう。飽食の時代になり、血糖値を下げるホルモンがインスリンしかないために、糖尿病が増えてきたのではなかろうか。

Ｉ型糖尿病患者にとって、インスリンが命綱である。しかし、膵島を移植できれば、インスリンを注射しなくともすむであろう。そのような考えから、すでに、脳死患者から膵臓移植、膵島移植が行われている。ブタの膵島を分離して、カプセルに入れて腹腔に移植する方法も行われている。ｉＰＳ細胞から膵島を作れればもっとよいのに、と誰しもが思うであろう。

東大・分子細胞生物学研究所の宮島《みやじま》篤《あつし》は、ｉＰＳ細胞から膵島を作る研究をしている。マウスで成功し、さらに工夫を加えてヒトでも、五段階を経て三週間程度で膵島が作れるようになった。[14] ヒトｉＰＳ細胞から作った膵島は、マウスの実験的糖尿病の血糖を維持できた。

ハーバード大学のメルトンは、マウスの体内で直接転換によりベータ細胞を誘導することに成功した[15]（第五章）。しかし、彼の最終目的は、患者に移植できるようなベータ細胞を作ることであった。それは、同時に家族への贈り物となるはずである。彼の二人の子供は、幼いときにＩ型の糖尿病になり、インスリン注射を欠かせなかったのである。二〇一四年、メルトンは、ついにヒトの幹細胞（ES細胞、iPS細胞）からベータ細胞を作ることに成功する。五種類の培地を使い、三五日の培養で、五〇〇ccのフラスコに二億個のベータ細胞を作ることができるようになった。ベータ細胞は、完全とは言えないまでも、血糖に反応しインスリンを分泌し、モデルマウスの高血糖を改善することができた。

ベータ細胞ができても、I型糖尿病を治すためには、もう一つ越えなければならない問題がある。iPS細胞由来のベータ細胞であれば、I型糖尿病の原因となった自己免疫の抗体が、移植されたベータ細胞を再び攻撃するであろう。ES細胞由来であれば、他家と認識した抗体がベータ細胞を潰しにかかる。それを避けるために、宮島は、免疫から隔離できるファイバーチューブを東大生産技術研究所と共同で開発した。これによって、自己免疫の患者の体内でも、膵島を生着させることが期待できる。

実際に、臨床に応用されるときには、消化器外科医として膵島移植を日本とアメリカで行ってきた国際医療研究センター研究所の霜《しも》田《だ》雅之《まさゆき》が担当することになっている。霜田によると、ヒトの膵臓には、およそ一〇〇万個の膵島がある。インスリンを産生するベータ細胞にして一〇億個くらいになる。ヒト糖尿病患者を治すのには、その一〇パーセントの数が必要だが、移植生着率（およそ一〇パーセント程度）を考慮すると、結局、一〇〇〇万個の膵島を作らなければならないことになる。概算によると、培地、増殖因子などの費用だけでも、六〇〇〇万円に上る。細胞調製センター（CPC）の人件費、維持費、検査費用などを加算すると、一億円を軽く超すことであろう。

ニコル・ジョンソンのホームページを改めて開いてみた。彼女は、二〇一三年、公衆衛生の学位を取り、健康についての本を七冊も出している。アメリカ糖尿病学会のインスリン発見者のチャールズ・ベスト賞を受賞するなど、糖尿病に負けないで活躍している様子がうかがえた。

11　血小板輸血（iPS細胞、江藤浩之、研究段階）

考えてみると、「血小板（platelet）」という名前はよくできていると思う。血液中を流れていながら、細胞ではないので、血球という名前はつけられない。巨核球という巨大な核をもった血球から、細胞質がちぎれて、血小板が作られる。血小板は核をもっていないので、自己複製はできない。そのような小さな板状のものが、血液一ミリ立方あたり三〇万個、一ccあたりに直すと三億個も流れているのだ。「小板」であるが、その役割は重大である。傷ができると、血小板が凝集して出血を止める。何らかの原因で、血小板が少なくなると全身に出血が起こってくる。

血小板が少なくなったときには、血小板を輸血することになる。しかし、ちょっとしたことで凝集してしまうので、血球よりも扱いがやっかいである。保存温度は二〇度から二四度、有効期間は採決後四日間。何人かの血小板を混ぜると、凝集が起こる。何回も繰り返して輸血していると、抗体ができてしまう。

厚労省によると、二〇二七年には高齢化によるドナー不足により、必要量の二〇パーセントが不足すると試算している。このような問題を解決するためにも、ES／iPS細胞から血小板を作る技術が必要になる。京大CiRAの江藤浩之《えとうこうじ》は、血小板を安定して供給できるシステムを開発した。[16] iPS細胞から血小板の前駆細胞である巨核球まで分化させることはすでにできていたが、できてくる血小板の数が少なすぎて、輸血には使えなかった。そこで、誘導に用いる遺伝子に工夫を加えた。細胞増殖を促す遺伝子（c-MycとBMI1）を加えて巨核球の前駆細胞を効率よく誘導し、さらに細胞死を抑える遺伝子（BCL-XL）によって、長期にわたって複製可能な巨核球を作った。この三種の遺伝子を働かなくすると、巨核球は壊れて血小板を放出するという仕組みである。この方法を用いれば、血小板輸血に必要な一〇〇〇億の血小板は、二五〜五〇リットルの培地から五日以内に生産できるという。しかも、このiPS細胞由来の巨核球は、凍結保存できるので、一旦緩急あったときに、使用できる。

核がないためがん化の心配のない血小板は、早くからｉＰＳ細胞の臨床応用として考えられていたが、血小板産生の効率が悪く、実用には遠かった。それが、江藤の研究により大量に作れるようになり、応用も視野に入ってきた。しかし、生体内と比べると、産生効率ははるかに低い。生体内では一個の巨核球から血小板が二〇〇〇～一万個もできてくるが、ｉＰＳ細胞の系では、ｉＰＳ細胞一個から巨核球が四〇個、巨核球一個から血小板が一〇個できるにとどまっている。

なぜ、生体内と体外培養では、こんなに効率が違うのだろうか。江藤は、生体内で巨核球から血小板が作られるのを撮影した動画を見せてくれた。私は、これまで巨核球が壊れて血小板になるものとばかり思っていたが、そうではなかった。血管の壁にかくれるようにしている巨核球が、その一部を血管内に出しては、次々にちぎれていくのであった。まるでアンパンマンが、ほっぺたをちぎっては投げ、ちぎっては投げているように見えた。それに対して、体外培養の巨核球は、アンパンマンが押しつぶされて破片になるようなものである。これでは、効率が違っても仕方がない。アンパンマンに知恵を貸してもらいたいものである。

12　心筋梗塞（研究段階）

不安定狭心症

一九九九年一一月、私は日本癌学会会長としてプログラム編成に追われていた。ある朝、当時勤務していた昭和大学の研究室に向かっているとき、胸骨の後ろから押されるような不快な胸痛におそわれた。診断の結果は狭心症、それもいつ心筋梗塞になるか分からない「不安定狭心症」であった。ちょうどその時、私はタイの王様の七二歳の誕生日を祝うシンポジウムに招待されていた。暑いところに行って脱水症状になれば、疲れと相まって、一気に心筋梗塞になるであろう。迷った末、バンコックまでのビジネスチケット、王室晩餐会への招待をすべてキャンセルした。最後に、家内がパーティのための服を買いにデパートに行くと言っていたのを思い出した。家に電話をしたところ、まだ買っていなかった。こちらも急いでキャンセルした。その週末、タイ王室で豪華な晩餐会が開かれている頃、目黒駅前のタイ宮廷料理レストランで、家族と共にささやかな夕食を取った。

数日後に入院し、カテーテルによって狭窄部位を開通させ、ステントを入れて血管を確保した。しかし、私の場合のように、できたての柔らかい血栓は、剝がれてその先で冠動脈を詰まらせることがある。そうなったら心筋梗塞である。今、考えても危ないところであった。一年後の再狭窄の検査にも合格し、以来一五年、マイナス三〇度以下のアラスカのオーロラ観光でも、標高四六〇〇メートルを超えるアンデス山脈でも問題がなかった。ステントの効果はすごいものだと思う。しかし、心筋梗塞になっていたら、簡単には治せなかったであろう。

iPS細胞による心筋梗塞治療（松浦勝久、山下潤）

左心室の厚さは約一センチ。全身に血液を送り出すのだから、そのくらいの厚さが必要であろう。心筋梗塞になると、血液の行かなくなった部分の心筋細胞が死んでしまう。死んだ細胞を幹細胞の技術で置き換えればと、誰もが思うだろう。そこで登場するのは、iPS細胞であり、Muse細胞であり、遺伝子導入による直接転換である。いずれもまだ臨床応用には遠いが、数年以内には臨床研究が始まるかもしれない。

東京女子医大の松浦勝久《まつうらかつひさ》は、岡野光夫の開発した細胞シート法を心筋細胞に応用すべく研究を重ねている。大量（一億〜一〇億個）のiPS細胞を一度に心筋細胞に分化させ、血管の細胞を含んだ細胞シートを作り、三枚重ねると厚さが六〇マイクロメートル（〇・〇六ミリメートル）になる。それを動物に移植すると、六ヶ月で厚さ三〇〇マイクロメートルの心筋組織となった。これを、梗塞部位の上に貼りつけようというわけである。実際の臨床実験は、大阪大学の澤芳樹（上述）との共同研究で行われる。文科省のロードマップによれば、二〇一七〜一八年に、ヒトへの応用が考えられている。

京大ＣｉＲＡの山下潤《やましたじゅん》の研究グループは、松浦の方法に改良を加え、ｉＰＳ細胞から直接、血管を含む心筋シートを作ることに成功した。(17) ｉＰＳ細胞から心筋を誘導する途中の段階で、血管の細胞を誘導する物質（ＶＥＧＦ）を加えると、血管の細胞を二〇パーセントほど含む心筋細胞が得られた。この細胞を、岡野光夫の方法を用いて厚さ一ミリ三〇層の細胞シートとし、ラットの心筋梗塞モデルを治療したところ、心機能の回復が認められた。

Ｍｕｓｅ細胞による心筋梗塞治療（湊口信也）

岐阜大学の学長のとき、女神《ミューズ》ならぬ私はストレスに弱く、血圧が高くなった上、不整脈も頻発した。その時の主治医の湊口信也《みなとぐちしんや》は、いま、Ｍｕｓｅ細胞を用いる心筋梗塞治療を目指して研究している。

ウサギの心臓の冠動脈を三〇分もしばっておくと、六時間後には立派な心筋梗塞になる。二四時間後に、ウサギの骨髄から作ったＭｕｓｅ細胞を静脈注射すると、それだけで、心筋梗塞の病変が元に戻るという。手術も何も必要ないのだ。治療に必要なＭｕｓｅ細胞はわずか三〇万個。血液一ｃｃ中には五〇億個の赤血球が流れていることを考えれば、いかに少ない数であるかが分かるだろう。その少数精鋭のＭｕｓｅ細胞が、心臓の病変部位に集まり、自らを心筋細胞や血管に変身させて、心筋梗塞を治すというのだ。このとき、注射したＭｕ se細胞が、本当に心筋梗塞を治しているかどうかが問題となる。今、確認のための研究が進められている。

湊口の研究室では、ウサギの実験が終了し、現在はブタで効果を確認している。二〇一七年頃には、実際の患者さんの治療に使いたいという。わが国の心筋梗塞患者は年間六万五〇〇〇人おり、そのうち半分近くの三万人がこの治療法の対象となるであろう。

直接転換による心筋梗塞治療（家田真樹）

心筋梗塞で死んだ心筋細胞は、やがて線維芽細胞によって置き替わり、瘢痕化する。実は、心筋細胞は心臓の細胞の四〇パーセント程度を占めているに過ぎず、残りの五〇パーセント以上は線維芽細胞である。もし、この線維芽細胞を心筋細胞に変えてしまうことができれば、心筋梗塞も完全に治せることになる。

慶応大学の家田真樹は、遺伝子を導入して心臓の線維芽細胞を、iPS細胞を経ないで直接心筋細胞に変換させてしまう「直接転換」技術を開発した。横紋筋（MyoD）、膵臓（Pdx）、腎臓（Sall1）のように、組織は一種類の「マスター遺伝子」によってコントロールされていることがあるが、心筋に分化させるには三種類（Gata4、Mef2c、Tbx5）の遺伝子が必要であることを家田は発見した[18]。さらに、二種類（Mesp1、Myoc d）があると、ヒト皮膚の線維芽細胞も心筋細胞に直接転換させることができる。(19)

この方法により、心臓カテーテルによって梗塞部位に遺伝子を導入するだけで、心筋梗塞を治すことができる時代が来るかもしれない。しかし、遺伝子治療でもあるため、安全性に関して慎重な検討が必要である。

13　脳梗塞（Ｍｕｓｅ細胞、冨永悌二、研究段階）

二〇〇三年六月、西城秀樹は、韓国の済州《チェジュ》島でコンサートを開いた。その日の朝、鏡を見ると、左頬が下がり、言葉がもつれた。主治医は、脳梗塞を疑い、キャンセルを勧めたが、プロ根性がそれを許さなかった。四八歳の西城は歌う「ヤングマン」。観客がそれに応える「ヤングマン」。帰国して入院すると、西城の脳に七ミリ大の白い影があった。

西城秀樹をおそったのは、ラクナ梗塞といわれる脳梗塞である。ラクナ（lacuna）とは、書類などで重要な一部分が欠けていることをいう。脳の深部に向かって走る細い動脈（穿通《せんつう》枝《し》）が詰まり、血管の周囲に欠けたような小さな（一五ミリ以下）梗塞があるときをラクナ梗塞という。ラクナ梗塞は、動脈硬化症、心原性（不整脈）と並ぶ脳梗塞の三大病因の一つで、脳梗塞全体の三〇～四〇パーセントを占めている。血管が詰まると、神経細胞に酸素やグルコースが届かなくなり、細胞は死んでいく。詰まっている血栓を溶かすため、tPAという酵素を注射する方法もあるが、発作後四時間半以内という制約もあり、適応となる患者は一〇パーセント程度である。

東北大学脳神経外科の冨永悌二《とみながていじ》は、Muse細胞を用いて、ラクナ脳梗塞の治療を目指している。血管が詰まると、その周囲の神経細胞は死んでしまう。さらにその外側には、まだ死ぬには至っていないが、神経細胞としての機能を失った層がある。このような層を、ペナンブラ（penumbra）という。あまり聞かない単語であるが、部分日食、月食の時、半分影となった部分を指す天文学用語である。つまり、半影の状態であるが、日食月食の進行と共に、本当の影（umbra）になってしまうところである。梗塞の時も、ペナンブラの領域は、放っておくとどんどん細胞が死んでいってしまう。もし、その進行を止められれば、脳梗塞の治療成績は格段によくなるはずである。

これまでの脳梗塞に対する再生医療は、このペナンブラ救済を目的としている。しかし、冨永は、それに加えて、脳梗塞によって断線した神経細胞をMuse細胞によって再生させることを考えている。生体内にはごく少量しか存在しないMuse細胞を、幹細胞抗体（第五章）で標識し、磁石を利用して分離するプロトコールである。この方法だと、二週間で、自家移植に必要なMuse細胞が分離できるという。さらに、調製済みのMuse細胞を用いる他家移植も可能である。Ｍｕｓｅ細胞を、狙いをつけてラクナ梗塞部位に注射すればよい。脳の中の狙った局所に注射するのは、脳外科が最も得意とする技術である。Ｍｕｓｅ細胞が神経細胞とグリアに分化し、脊髄損傷の時と同じように、梗塞で死んだ脳を再生させることが期待されている。もう一つのメカニズムは、Ｍｕｓｅ細胞が血管やグリアの増殖を促進する物質を分泌して、病変を治すことである。

すでに、マウス、ラットを用いた動物実験が進行中である。冨永は二年以内にヒトに応用することを考えている。

14　鎌状赤血球貧血症（ｉＰＳ細胞、イエーニッシュ、二〇〇九、研究段階）

鎌状赤血球貧血症（Sickle cell anemia）は、ヘモグロビン遺伝子の一カ所の変異による病気として有名である。本来であれば、遺伝暗号でＣＴＣであるべきところが、ＣＡＣに変異したため、アミノ酸のグルタミンがバリンに変わってしまった。そのため、赤血球の形が、崩れた三日月のような鎌形（sickle）になり、酸素と結合できなくなり、重症の貧血を起こす。この遺伝病は、アフリカに多い。

ヒトｉＰＳ細胞が発表されてわずか一年後の二〇〇九年、ＭＩＴのイエーニッシュは、こ

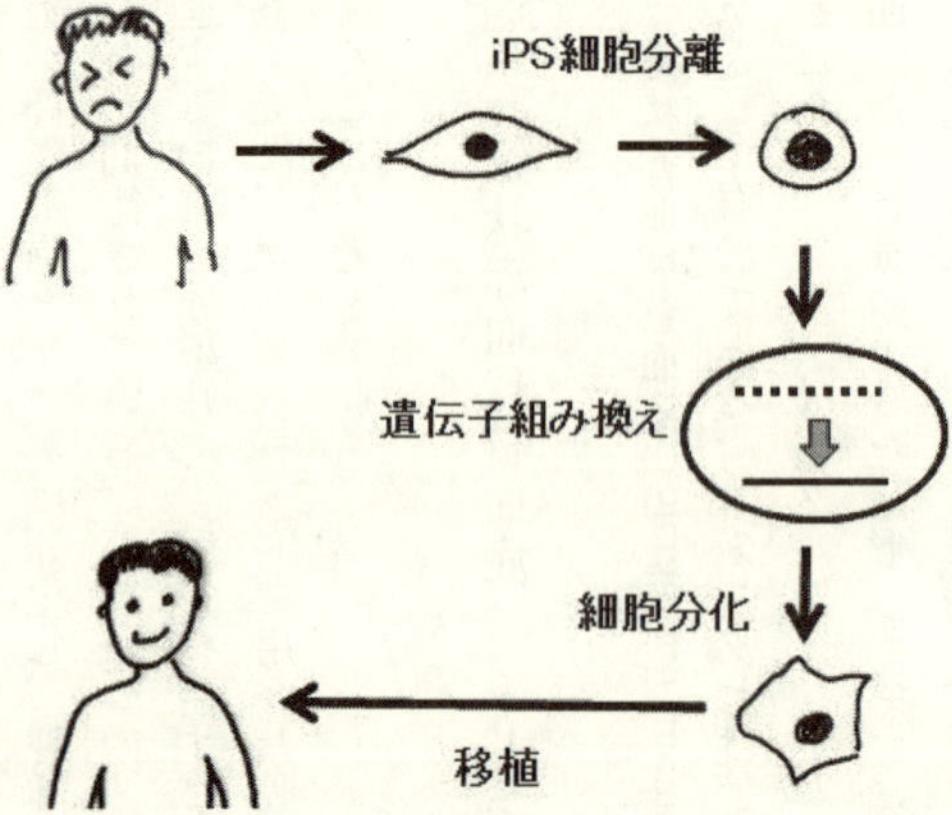

図9−8　iPS細胞を応用した遺伝疾患の治療法。変異遺伝子（破線）をもった患者からiPS細胞を分離し、遺伝子組み換え法によって、正常遺伝子（実線）に置き換える。正常化した遺伝子をもつ細胞を、目的とする細胞まで分化させ、患者に移植する

の難病を治療すべく、iPS細胞を用いた遺伝子・細胞治療のための原理を報告した[20]。それは、これまでに知られていた技術、すなわち、遺伝子組み換えと造血幹細胞移植を巧みに組み合わせた戦略であった。

その方法は大きく次の四段階に分けられる。①鎌状赤血球貧血症患者からiPS細胞を分離する。②iPS細胞を、遺伝子組み換えの場として利用し、遺伝子ノックアウトの方法（第二章）を用いて、変異ヘモグロビン遺伝子を正常遺伝子と置き換える。③正常化したiPS細胞を造血幹細胞にまで分化させる。④鎌状赤血球貧血症のモデルマウスに放射線を照射して、体の中の遺伝子変異をもった造

血幹細胞をすべてたたいた後に、iPS細胞から作った変異のない造血幹細胞を移植する。実際、この方法で、変異をもった赤血球は正常赤血球に置きかわり、この病気のモデルマウスは治癒した。

iPS細胞を遺伝子変異の補正の場としてつかう技術は、様々な遺伝病へ応用が可能である。たとえば、京大CiRAの堀田秋津《ほったあきつ》は、筋ジストロフィー患者（デュシェンヌ型）からiPS細胞を分離し、筋肉の構造タンパクのヂストロフィンの変異を修復し、正常なタンパクを作れるようにした[21]。この細胞を患者に戻せば、病状を回復させることができるであろう。

黄金のマスクをかぶった古代エジプトの若き王、ツタンカーメン（紀元前一四世紀）の死因には様々な説がある。他殺説、骨折後の感染症、マラリア感染などがいわれているが、二〇一〇年、ドイツのベルンハルト・ノッホ熱帯医学研究所の研究者は、足の骨を詳細に調べ、鎌状赤血球貧血症説の可能性が高いと発表した[22]。とすると、ツタンカーメン王は、イエーニッシュの方法で治療できたかもしれない。しかし、残念ながら、彼は生まれるのが早すぎた。

15　軟骨損傷（iPS細胞、妻木範行、二〇一五、研究段階）

「軟」という字は、何となく、しまらない印象である。曰く、軟便、軟弱、軟派、軟禁、軟体動物。しかし、同じ「軟」でも、軟骨は体を作る上で重要な役割を果たしている。第八章で紹介したように、骨は軟骨からできてくる。軟骨がうまくできてこないと、骨は伸びてこないことになる。体がスムースに動くのは、関節に軟骨があるからだ。骨の端っこの部分は、軟骨でおおわれているし、膝の関節には、半月板という軟骨組織がある。背骨の間には椎間板があり、クッションの役割を果たしている。しかし、同じ軟骨といっても、場所によって異なる。関節の軟骨は、ショックを和らげ、関節を滑るように動かすことができるように、表面がなめらかなコラーゲンでおおわれた「硝子軟骨」である。椎間板は、線維成分をめぐらした「線維軟骨」が硝子軟骨に似た「髄核」を囲み、クッション効果を高めている。

軟骨が損傷すると、体の動きが制限されるばかりか、動くたびに相当の痛みを感じる。膝の痛み、腰痛に悩む人は多い。しかし、軟骨に傷がついても、自然に治ることはない。他の臓器と違って、何故か、軟骨には血管が入っていないからである。このため、体が元手のスポーツ選手は、他の部分の軟骨を削って移植するような手術を受ける。軟骨やコラーゲンを食べるとよいと信じている人がいるが意味はない。どれも、胃の中で消化されてから吸収されるからだ。そのような広告を見るたび、人々の科学への理解はまだまだ浅いと、嘆きたくなる。

京大CiRAの妻木範行は、整形外科出身らしく、軟骨の再生医学を目指している。直接転換で軟骨を作り（第五章）、軟骨無形成症の患者の軟骨をシャーレの中に再現する（第八章）など、着々と研究を進めてきた。二〇一五年になると、iPS細胞から軟骨を作り、関節の中に埋め込む実験に成功した。[23] 妻木のグループは、まず、iPS細胞を関節の軟骨まで分化させる方法を開発した。何種類もの増殖因子、分化因子を巧みに組み合わせ、培養法を工夫して、軟骨をシャーレの中に作った。培養を開始して七週間もすると、シャーレの中に肉眼でも見えるような軟骨組織の塊ができてくる。その数、直径三五ミリの小さなシャーレに約一五個。一つの軟骨塊には、七万個の軟骨細胞が詰まっている。

妻木は、七週間かけてiPS細胞から作った軟骨の塊を、マウスの皮下に移植し、硝子軟骨になることを確認した。次に、ラットの関節軟骨に傷をつけて移植したところ、一ヶ月後には、完全に軟骨の傷をふさいでいるのが分かった。しかし、ラットでは関節にかかる重さが少なすぎるため、体重三〇キロほどのミニブタで実験をした。ブタには免疫抑制剤

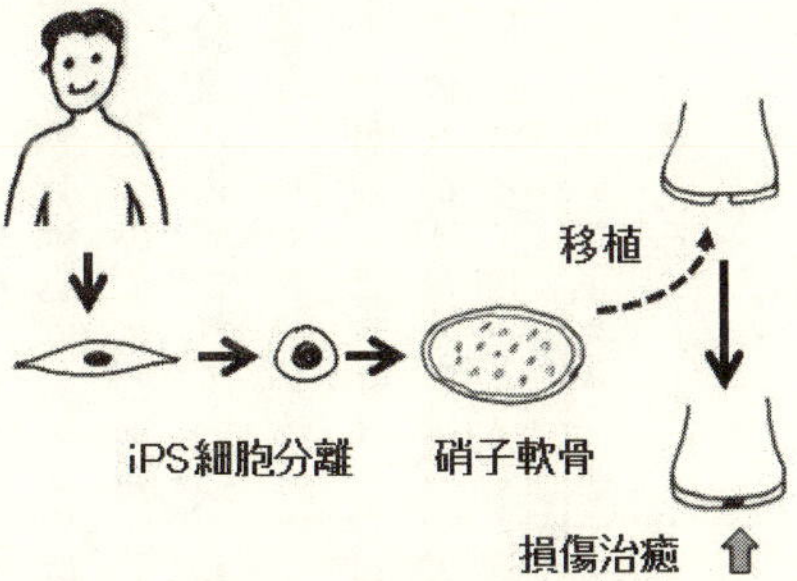

図9−9　軟骨損傷の治療法。iPS細胞を軟骨まで分化させ、硝子軟骨を作り、軟骨の損傷部位に移植する

を注射し、ヒトの細胞を受け入れるようにしておいた。移植一ヶ月後には、ヒトiPS細胞由来の軟骨細胞は、ブタの傷ついた軟骨部分と一体化し、体重を支えていることが分かった(図9-9)。いずれの実験でも、がん化は見られず、この方法が安全であることが確認された。

論文に掲載されている、シャーレの中で作った軟骨、移植した軟骨などの写真は、すべて、見事なくらいきれいである。妻木の軟骨が本物であることを信じさせるだけの迫力がある。

軟骨移植は、まだ始まったばかりであるが、ヒトに向けての準備は整いつつある。ヒトの軟骨の傷を治すためには、一五〇個くらいの軟骨組織の塊が必要であるが、これは、三五ミリの小さなシャーレ一〇枚分くらいである。この程度の数であれば、それほど、時間も費用もかからないであろう。妻木は安全性を確認しながら、数年後には実用化を目指している。「軟」という字が、頼もしく見えてきた。

16　ブタの体のなかに膵臓を作る（iPS細胞、中内啓光、二〇一三、研究段階）

中内啓光（東大医科研）は常識のない男である。彼は常識を疑い、信じない。彼の弟子の一人、谷口英樹（第七章）によると、研究室に入ったとき、教科書を否定しろといわれたという。常識のないのは、強みだというのだ。常識を捨て、アイデアを四〇〇出せともいわれたという。中内が今研究を進めている、ブタの体内でヒトの臓器をつくるなど、教科書を疑うことのない優等生には、思いつかないような実験である。この話を最初に聞いたとき、社会常識はないにしてもそれなりに優等生であった私には、どうしたらそのようなことが可能になるのか想像できなかった。しかし、聞いてみると、それは分かりやすい話であった。

実験は、最初マウスで行われ、ラット、ブタと進んだ。先ず、膵臓のマスター遺伝子（Pdx1）をノックアウトしたマウスを作る。すると、膵臓のないマウスが生まれる。胎内では、母親の膵臓が機能していたが、生後は膵臓なしでは生きられない。このことはすでに他の研究者によって確立していた。中内は、膵臓欠損マウスとなるべき胚盤胞（Pdx1マイナス）に、正常のマウスES細胞（Pdx1プラス）を入れてキメラマウスを作った。すると、膵臓欠損マウスの体内に膵臓ができてきたのである。膵臓以外の臓器は、キメラマウスの常として、Pdx1プラスとPdx1マイナスの細胞のモザイクであるが、膵臓については、Pdx1マイナス細胞がないため、すべてがPdx1プラスから成る膵臓ができてきたというわけである。しかも、その膵臓は、ちゃんと消化液とインスリンを分泌しているので、マウスは生存し、繁殖もできた。

この技術を用いて、中内は腎臓も作っている。Sall1遺伝子ノックアウトにより腎臓のないマウスを作り（西中村）、その胚盤胞に正常のES細胞を入れると、生まれてきたキメラマウスには、正常ES細胞に由来する腎臓ができるという仕組みである。

次に中内は、異種間で同じような実験を行った。Pdx1マイナスマウスに、ラットのPdx1プラスES細胞を入れてみた。逆に、Pdx1マイナスラットにマウスのPdx1プラスES細胞を入れてみた。すると、マウスの体内にはラットの膵臓が、ラットの体内にはマウスの膵臓ができてきた[24]。その時の膵臓の大きさは、不思議なことに、ホストの大きさであった。すなわち、マウスの細胞は、マウスの大きさの膵臓を作るべく遺伝的に決まっているのではなく、その置かれた環境によって決まるのであった。

マウスの体内にラットの膵臓を作らせる、あるいはその逆は、一見完全な異種移植である。普通であれば、免疫反応によって拒絶されてしまうはずであるのに、なぜ、拒絶されなかったかと、優等生であれば考えるはずである。中内の説明は、免疫システムができる前に膵臓ができていたので、免疫細胞はそれを自己として認識してしまうのだという。説明されれば、なるほどと思わざるを得ない。

ヒトにこの技術を応用するためには、もっと大きな動物を使わねばならない。そこでブタを使うことになった。実は、ブタとヒトとは、意外に共通項が多く、ブタの臓器をヒトに使うというアイデアはそれほど新しいものではない。しかし、ブタを扱うとなると、マウスと同じというわけにはいかない。幸い、明治大学農学部の長嶋比呂志《ながしまひろし》の協力によって膵臓を欠

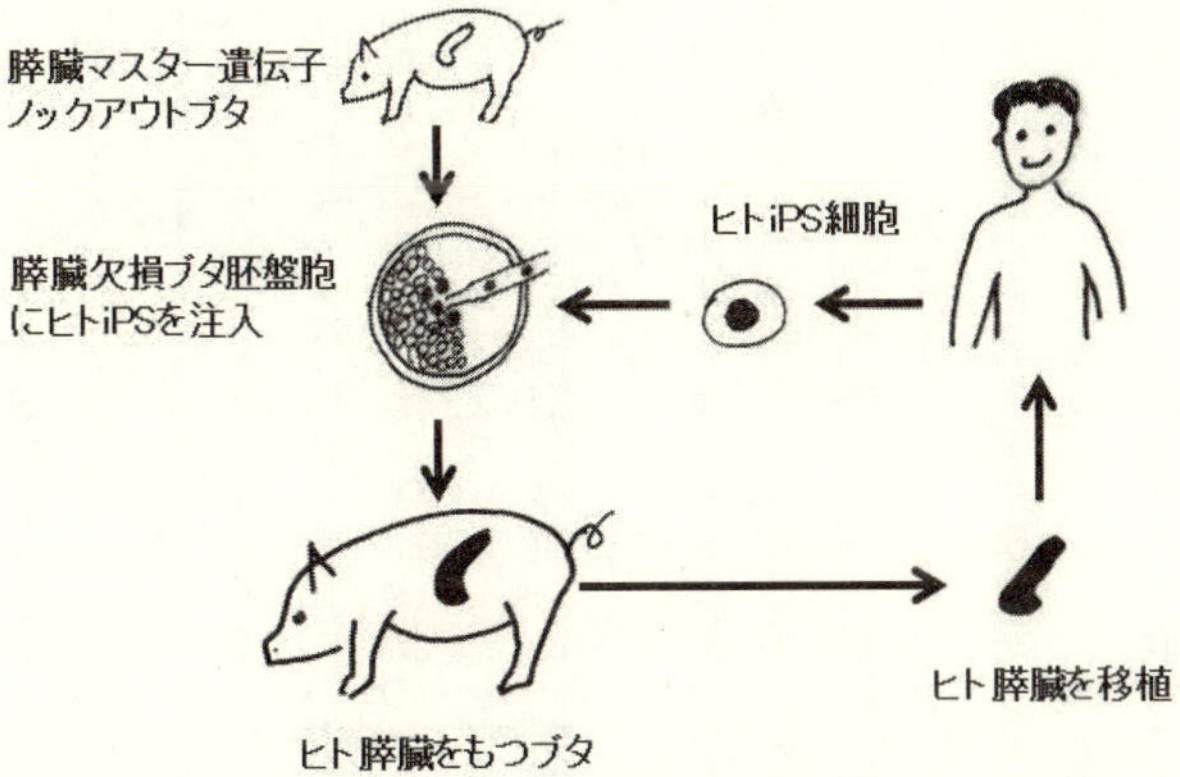

図9−10　ブタの体内にヒトの膵臓を作る技術。膵臓のマスター遺伝子をノックアウトし、膵臓を欠損したブタを作る。そのブタの胚盤胞にヒトのiPS細胞を入れて、仮親のブタに戻すと、膵臓のあるべきスペースに、ヒトの膵臓をもつブタが生まれてくるはずである

損したブタ（Pdx1マイナス）を作ることができた。ブタのES／iPS細胞はまだないので、膵臓欠損ブタの胚盤胞に、Pdx1プラスブタの胚盤胞内部細胞塊の細胞を入れたところ、膵臓のあるブタが生まれてきた[25]。次は、ヒトiPS細胞を入れれば、ブタの中でヒトの膵臓ができるはずである。

しかし、ここで、二つの問題が生じた。一つは、iPS細胞の問題であり、もう一つは規制の壁である。実は、ヒトiPS細胞は、マウスのナイーブiPS細胞と異なり、少し分化の方向に進んだプライムドiPS細胞である（第三章）。このため、マウスiPS細胞と異なり、キメラができないと考えられている。もし、キメラを作れ

るようなヒトiPS細胞があるとしても、わが国では、ヒトと動物の間のキメラは、「ヒトに関するクローン技術規制法」の中で、「特定胚」の一つの「動物性集合胚」に分類され、「指針」にしたがうよう規定されている。指針であるからには、法律よりもハードルが低いはずであるが、現実には簡単ではない。しかし、このような実験は、イギリス、イスラエル、中国、韓国などでは禁止されていないし、アメリカでは研究所レベルの判断に任されている。

最近、中内は、ヒト・ブタ間のキメラという難題の多い方法の代わりに、ブタ胎児への手術による方法を考えている。[26] 遺伝子操作により膵臓が作れないブタ胎児を子宮内で手術をし、膵臓の元となる細胞を移植して、膵臓を作らせようというのだ。しかし、この技術も簡単ではないはずだ。

ブタの体内でマイiPS細胞からマイ臓器を作り、自分に戻すという、夢のような再生医療の準備ができつつあるのだが、実現はまだまだ先の話であろう。規制の突破口を求めて、二〇一三年、中内啓光は、医科研と並行して、スタンフォード大にも研究室をもった。それを可能にしたのは、「クロス・アポイントメント」という制度である。すなわち、国内外を問わず複数の研究機関に研究室をもち、その貢献に応じて、それぞれの研究機関から給与を得るシステムである。実は、これまでに考えられなかったような制度は、私が担当している世界トップレベル研究拠点が最初に実施したものである。私にも、少し常識外れのところがあるのかもしれない。

第一〇章　疑惑の幹細胞研究

幹細胞研究は社会の注目を浴びているだけに、問題のある論文が登場することがある。たとえば、二〇〇二年に、ミネソタ大学のヴェルファイリ（C. M. Verfaillie）らが骨髄から分離したというMAPC細胞は、誰も再現できなかった。[1] 二〇〇八年には、テュービンゲン大学のスクテラ（Skutella）はマウスとヒトの精巣から幹細胞を分離できると報告したが、再現性がなく、二〇一四年に撤回した。[2] この二つの論文はいずれも、ネイチャー誌にアーティクルとして掲載され、それだけに注目を浴びた論文であったが、静かに消えていった。

これから紹介する三つの研究は、社会を揺るがせるような大事件にまで発展した疑惑の幹細胞研究である。すなわち、スイスのイルメンゼー、韓国の黄禹錫、そして小保方晴子による研究である。いずれも、社会的に大きな話題となったが、捏造、改竄《かいざん》などの研究不正が明らかになり、マイナスの財産だけを残して、消えていった。サクセス・ストーリーと美談だけが科学史ではない。最後に、あえて、これらの疑惑の幹細胞研究について紹介し、今後の研究への教訓としたい。

1　イルメンゼー（一九八一年）

ジュネーブ大学のカール・イルメンゼー（Karl Illmensee）は、一九七〇年代の後半から八〇年代の前半にかけて、発生過程を操る魔術師のように、次々に斬新な論文を発表し注目を浴びた。最初、彼はショウジョウバエで実験を行い、核移植により細胞の運命が決定されることを証明した[3]（一九七六年）。この実験は、その後にも確認され、高く評価されている。しかし、続いてマウスで行った一連の実験は、再現できないなど厳しい批判にさらされ、結局、彼はこの世界から追放されることになった。

図10－1　カール・イルメンゼー。灰色決着であったが、研究費を打ち切られ、研究を断念した

一九七五年、イルメンゼーは、悪性奇形腫（テラトカルシノーマ）の細胞（EC細胞）からキメラマウスを作り、たとえがん細胞であっても、正常に分化する能力を維持していることを示した（第二章）。しかし、この実験は誰にも追試できなかった。一九七七年、実験動物の聖地とも言うべきジャクソン研究所

（アメリカ・メイン州）に移ると、イルメンゼーはホッペ（Peter C. Hoppe）と共同で、単一親(uniparental) から二倍体（2N）のマウスを作成したと報告した。[4] 一九八一年には、核移植によるクローンマウスを発表した。[5] 白いマウスの受精卵から核を抜き、黒いマウスの卵丘《らんきゅう》細胞の核を移植する。胚盤胞まで培養した後、代理母マウスの子宮に移植すると、黒い毛のマウスが生まれるという実験であった。

イルメンゼーの実験は追試できないことが多かったが、その当時、ジャックソン研究所に留学していた勝木元也《かつきもとや》（現日本学術振興会）も追試に成功しなかった一人である。第二章で述べたように、それから一五年以上経た一九九〇年代の半ば過ぎ、ウイルマットがヒツジで、若山がマウスで卵子への核移植に成功することになる。

事の発端は、一九八三年一月、ジュネーブ大学で行われたセミナーであった。[6] 出席していたイルメンゼー研究室の大学院生ら三人が、研究に問題があると発言し、理学部長に調査するよう申し出た。学外者からなる調査委員会は、一年後に七〇〇ページにも及ぶ報告書を出した。実験記録などに問題はあるものの、明確な捏造や改竄などの証拠はないという結論であった。同時に、若手研究者に技術のノウハウを教えず、自分一人で実験を行っていたなど、研究室の運営上の問題点も指摘された。

いわば、灰色決着として収まるかに見えたが、研究資金支援側から厳しい結果を突きつけられた。スイス国立科学財団、続いて、アメリカNIH（国立衛生研究所）からの研究資金が打ち切られ、研究を断念せざるを得なくなり、イルメンゼーは、一九八四年にジュネーブ大学を去った。

マスメディアにより一時は時代の寵児となったイルメンゼーであったが、問題が発覚してからは、メディアによる追及によって職を失った。同じような経過は、それから三〇年後に日本で繰り返されることになる。

2　黄禹錫（二〇〇四年）

黄禹錫《ファンウソク》（Hwang Woo Suk）は、幼い頃に父を失い、母子家庭の農家で牛を育てながら、苦学して獣医となった。野口英世のように、美談となるべき背景が用意されていた。

北海道大学への留学からソウル大学獣医学部にもどった黄は、一九九九年から家畜のクローニングを次々に発表した。BSE（牛海綿状脳炎症）耐性のウシ、ヒトに臓器を提供できるブタのクローニングを発表して、一躍社会の注目を浴びた。二〇〇五年には困難といわれたイヌのクローニングに成功、スナッピー（Snuppy）と名付けた。

黄禹錫は、二〇〇四年と二〇〇五年、核を取り除いたヒトの卵子に、ヒト皮膚細胞の核を

図10−2　スナッピーを抱く黄禹錫

移植することによりクローン胚を作り、その胚からヒトES細胞を樹立したとサイエンス誌に発表した。[7、8] ヒト核移植クローニングにはじめて成功したのだ。しかもその効率は驚くほど高く、一八四個の卵子から一一のES細胞株を樹立したという。ウイルマットによるヒツジのクローニングとは比べものにならないほど高かった（第二章）。黄のヒトES細胞は、夢の再生医療を可能にする技術、「治療のためのクローニング」として、社会から期待された。サイエンス誌は、二〇〇四年の一〇大ニュースの三位に選定した。

しかし、黄の研究が捏造であることが、次第に明らかになる。卵子入手に関する倫理上の問題の指摘を皮切りに、疑惑が次々に浮かび上がってきた。最初のヒトクローン細胞といわれたNT-1細胞はクローンではなかった。患者から作ったという一一株のクローンは、正常細胞由来であることなどが明らかになった。サイエンス誌は、二〇〇六年一月になって、黄のヒトクローン胚に関する二つの論文を、編集部の判断で撤回した（editorial retraction）。さらに、動物のクローン胚のクローニングのなかで、捏造でなかったのは、イヌのスナッピーだけであることも分かった。二〇一〇年、黄は、研究費横領と生命倫理法違反により、懲役二年（執行

猶予三年）の刑を言い渡された。(9)

3　小保方晴子（二〇一四年）

信じた理由

二〇一四年一月三〇日の朝刊各紙は、「刺激だけで新万能細胞」（朝日新聞）などの華々しい見出しの記事が一面を飾った。いうまでもなく、STAP細胞のニュースである。テレビは、ムーミンのキャラクターが貼られている黄色の壁紙の実験室で、割烹着を着て実験をする小保方晴子の姿を繰り返し放送した。pH5・7程度の薄い酸性溶液に二五分つけるだけで、マウスの血液細胞が簡単に初期化するという。それだけではなく、キメラマウスは胎盤まで作るというのだ。胎盤を作る細胞と胎児を作る細胞はかなり早い段階で別れるので（第一章）、両者を作るとなると、胚盤胞よりも早い時期までもどったことになる。この驚くべき細胞には、「STAP細

図10−3　虚構の細胞で、社会と科学コミュニティを翻弄した小保方晴子

胞」(stimulus triggered acquisition of pluripotency) という覚えやすい名前がつけられた。

ちょうど、本書の第二章を書いていた私は、降ってわいたようなこの細胞を、この本の中でどのように扱うべきか判断できなかった。酸性の溶液に短時間つけただけで、初期化するなど、にわかには信じられなかった。しかし、この研究は、発生学では世界の最先端を行く理研CDBの研究である。共同研究者には、この本に登場する三人の優れた研究者(笹井芳樹、若山照彦、丹羽仁史)が名を連ねている。しかも、二編の論文が、一つはアーティクル、一つはレター(Letter、速報論文)として、ネイチャー誌に掲載されたのだ。[10、11] ネイチャーのような超一流誌は、特に厳しい審査で知られており、採択される論文はわずか数パーセントに過ぎない。STAP細胞の二本の論文は、ネイチャー誌の厳しい審査を通ったのである。信じざるを得なかった。

Hop STAP Drop

論文が投稿されると、編集者はその分野の第一線の研究者に査読を依頼する(ピア・レビュー、peer review)。専門家であるが故に、正確かつ厳しい評価が得られる。その基本姿勢は「性善説」であり、データ捏造などは想定していない。

このような性善説に立つ「発表前審査(査読)」に対して、この数年の間に急速に発達してきたのは、ソーシャル・メディアによる「発表後審査」である。たとえば、「PubPeer」というホームページには、論文についての様々な疑問が投稿されている。撤回した論文を追求する「Retraction watch」というサイトもある。わが国では、「11次元」および「世界変動展望」というサイトが、研究不正に目を光らせている。幹細胞研究に特定したブログとしては、カリフォルニア大学の研究者による「Knoepfler Lab Stem Cell Blog」が、ソーシャル・メディアに開放されている。このようなソーシャル・メディアによる投稿の多くは、「性悪説」の立場から、論文を細部にわたり調べ、捏造、改竄などを鋭く指摘する。

一月三〇日のネイチャー誌発表から数日のうちに、STAP論文の問題点が、PubPeer に次々に投稿された。特に、TCR遺伝子の再編成データ（「基本のキ」1）への疑問が指摘された。二週間経った二月半ばには、論文の最も重要なデータの一つである多能性を示す画像が、彼女の学位論文と同一であることを、「11次元」が報じた。二月中旬になると、簡単にできるといっていたはずのSTAP細胞が、世界の一〇以上の研究室において追試できなかったことを、Knoepfler ブログが報じた。これに対して、三月初め、小保方、笹井、丹羽の三人は連名で、STAP細胞を作るための詳細なプロトコールを発表した。[12] 共同研究者であるバカンティ（Charles Vacanti）も、二回にわたり独自のプロトコールを発表した。一つの実験にいくつものプロトコールが発表されること自体が異常である。

STAP論文は、ホップ・STAP・ジャンプとはいかなかった。発表後二週間で、ソーシャル・メディアによりドロップしてしまった。

信じられなかった理由

小保方晴子がSTAP細胞分離の基本技術として使ったのは、二〇〇〇年に多田高が開発し、その後この分野の標準技術となった方法、すなわちOct4の発現とリンパ球のTCR遺伝子再編成を目印にする方法である（第二章）。しかし、それは、必要条件の一つに過ぎない。処理した細胞が本当に初期化したことを証明するためには、第一章に示した方法で、分化多能性を、奇形腫、キメラマウスなどの方法で証明しなければならない。本当に、彼女は、STAP細胞を作り、初期化し、多分化能を証明したのであろうか。もう一度、STAP細胞の作成の手順を追って、STAP細胞がなぜ信じられなかったかを検証してみよう。

①小保方晴子が「スタップ細胞はあります。二〇〇回以上成功しています」といったのは、Oct4遺伝子の発現のことを指している。Oct4の発現は、初期化の必要条件の一つに過ぎないので、もし光ったとしても、それだけでは、初期化したことにはならない。小保方が見たという緑色の発光は、多くの人が指摘しているように、細胞が死ぬときの非特

異的な発光である可能性が非常に高い。しかも、彼女自身にも、ＳＴＡＰ細胞作成のプロトコールを発表した丹羽仁史にも、Ｏｃｔ４発現を再現できなかった。彼らの発表したプロトコールとは一体何だったのだろうか。

②実験は、生後一週間のマウスの脾臓から分離した細胞（ＣＤ45分画）を用いて行われた。その分画のなかに含まれているＴリンパ球がＳＴＡＰ細胞になったことの証明として、ＴＣＲ遺伝子の再編成データを示したが、捏造であった。その上、増殖能をもったＳＴＡＰ細胞（ＳＴＡＰ「幹」細胞）には、「ＴＣＲ遺伝子の再編成は八株の細胞のすべてで見られなかった」と上述のプロトコールのなかに書いてあった。寅さんであれば、「それをいったらおしめぇよ」といったことであろう。ＳＴＡＰ細胞が「誘導」されたという根拠は消え去った。

③本当に初期化したのであれば、マウスに移植したときに奇形腫を作り、胚操作によりキメラマウスを作らねばならない。しかし、ＳＴＡＰ細胞から奇形腫を作ったという画像は、ＳＴＡＰ細胞以前の画像の使い回しであることが分かった。完全な捏造である。

④キメラマウスなどの作成のために使った細胞は、既存のＥＳ細胞であったことが、理研統合生命医科学研究センター（横浜市）の遠藤《えんどう》高帆《たかほ》のゲノム解析によって明らかになった。[13]

すべては虚構

以上のような疑問が次から次に出てくるなかで、STAP細胞はついに終幕を迎えた。二〇一四年一二月二六日、理研の調査委員会は、最終報告書を発表した(14、15)。委員会は、調査開始後わずか三ヶ月の間に、一二株のSTAP「幹」細胞とES細胞のゲノムを詳細に解析し、STAP「幹」細胞といわれる細胞は、すべてES細胞であることを証明したのである。細胞の混入は、実験の際にときとして起こりうる。しかし、これほど広汎に混入があるとすると、偶然は考えられない。小保方が故意に、ES細胞を若山に渡したとしたら、詐欺としか言いようがない。

調査委員会は、報告書の最後で次のようにまとめている。

①STAP「幹」細胞、それによってできたという奇形腫、キメラは、すべて、ES細胞の混入である。故意としか考えられないが、誰が混入したかは分からない。STAP「幹」細胞は否定された。

②実験記録、オリジナルデータがほとんど存在せず、「責任ある研究」の基盤は崩壊した。その責任は小保方晴子に帰する。

③データの取り違え、図表の不適切な操作、実験方法の初歩的な間違いなどが非常に多い。その責任は小保方晴子にある。

④以上の点を共同研究者は見逃していた。笹井芳樹と若山照彦の責任は大きい。

小保方晴子は、この調査報告に反論できないまま、理研を去った。なぜ、彼女は、ありもしない細胞について、虚構の論文を書いたのであろうか。彼女はどのような教育を受けてきたのだろうか。それ以前にどのような精神構造の持ち主なのか。理研は、どうしてそのような人間を独立した研究員として採用し、高給と高額の研究費をつけて、実験をさせたのか。超一流の科学者であり、実験者である笹井芳樹、若山照彦は、なぜ、虚構を見抜けなかったのか。彼らはどのような研究室運営をしていたのか。共著者たち、そして小保方の採用を決めた理研執行部の責任は大きい。理研は、これで幕引きとせず、ＥＳ細胞を混入させた犯人を含め、その全容を明らかにするべきである。それなしに、われわれは納得できないし、理研も立ち直れないであろう。

おわりに

国歌が君が代であるように、国技が相撲であるように、国蝶がオオムラサキであるように、もし「国細胞」を制定するとすれば、それはｉＰＳ細胞であろう。同じように、アメリカに「国細胞」があるとすればヒーラ（ＨｅＬａ）細胞、イギリスはＥＳ細胞ということになるに違いない。ｉＰＳ細胞はまさにわが国の「国細胞」になった。純国産の素晴らしい細胞なのだから、「国細胞」の資格をすべて備えている。すべての国民は、「国細胞」を誇りに思い、期待をしている。

しかし、わが「国細胞」の本当の姿を理解するのは容易ではない。最先端の生命科学が、そのなかにぎっしりと詰まっているのだ。

ｉＰＳ細胞に関する本は、私の本棚にあるだけでも、一〇冊を超える。それらの多くは、ジャーナリストによる執筆であり、エピソードなど、興味はつきない。事実、山中伸弥の人間的側面（第三章）などを書くときの参考にした。その一方、サイエンスとしてのｉＰＳ細胞についての本は少なく、専門的すぎて分かりにくかったり、書き込み不足があったり、物足りない思いをしたのは私だけではないであろう。本書は、一人のサイエンティストの立場から、自分が満足できるような、iPS細胞とその応用に関する解説書とすることを第一の目的に執筆した。

執筆に当たって、サイエンティストとして、私は次の二つのことを心がけた。一つは、研究の基となった原著論文をきちんと読み正確に理解すること(論文は、巻末に資料としてまとめてある)。二番目は、現場で研究者に直接会って話を聞くことであった。正確な情報は論文から得られるにしても、研究の生き生きとした姿は、現場の話からしか得られない。書き上げた原稿は、本人に読んでいただき正確を期した。競争の激しい研究の第一線で活躍している方々が、時間を割いて会っていただいたことに感謝したい。

私のこれまでの本と同じように、本書でも、できるだけ専門用語を使わず、正確に、しかし分かりやすく、かつ面白く書くことを心がけた。登場する人物の名前も最小限にとどめ、遺伝子や物質の名前はカッコの中に納め、複雑なところはあえて省略した。病気については、一番基本的なところの説明にとどめた。映画やエピソードも積極的に取り入れ、サイエンスだけではない面白さを意識した。

説明のための模式図は、あえて私の手書きとしたのも、登場する人物を写真ではなく絵にしたのも、親しみやすい紙面を作ろうとした意図からである。説明図作成に当たっては、理研CDBによる『これは何?から始まる発生学』(二〇一〇年)を参考にした。人物イラストを描いてくれた、中学高校の新聞部時代からの親友で、イラストレーターの永沢まこと君に感謝したい。高校卒業六〇年後に、再び一緒に仕事ができるなんて何と素晴らしいことであろうか。

それにしても、進歩の早さには驚かされる。山中伸弥がマウスのiPS細胞を報告したのは二〇〇六年、ヒトのiPS細胞が二〇〇七年。それからわずか数年のうちに、重要な研究が次々に発表されている。特に、二〇一四年になってから、研究は一段と加速された。発表に追われるようにして、新しい研究を書き加え、二〇一五年二月までの主な研究を紹介することができた。このように激しく研究が進展する中で、本を出すなど冒険であったが、考えてみると、そのようなときであるからこそ、臨場感をもって研究を伝えられたといってもよいだろう。その意味で、本書の出版は早過ぎもせず、iPS細胞を用いた加齢黄斑変性の再生医療の開始と重なったという意味でも、ちょうどよいタイミングではなかったかと思う(STAP細胞は余分であったが)。

以下、執筆に当たり、専門違いの私の素朴な、時には的外れな質問に対し丁寧に教えていただいた方々の名前を挙げ、感謝の意を表したい。

本書全体については、京大CiRAの山中伸弥所長、中畑龍俊教授、山田泰広教授、京大iCeMSの中辻憲夫教授、浅田孝特任教授、仙石慎太郎准教授、理研CDBの西川伸一博士に相談に乗っていただいた。

第一章から第三章までの基礎的な内容については、山中伸弥教授（京大CiRA）、山田泰広教授（京大CiRA）、高橋和利講師（京大CiRA）、中辻憲夫教授（京大iCeMS）、多田高教授（京大・再生研）から直接教えていただいた。日本学術振興会の同僚の勝木元也副所長には、前半の五章を丁寧に読んでいただき、私の思い違いなどを指摘していただいた。

第五章については、出澤真理教授（東北大・医）と立花眞仁博士（東北大・医）に説明していただいた。

第六章の幹細胞とがん細胞については、山田泰広教授（前掲）と須田年生教授（慶応大）から助言を得た。

第七章は、次の方々に教えていただいた。日本学術振興会の同僚である浅島誠理事からは、アクチビン発見について直接伺ったほか、幹細胞研究の問題点について意見を交換した。腎臓については西中村隆一教授（熊本大・発生医学研）、肝臓については谷口英樹教授（横浜市大・医）、生殖細胞については斎藤通紀教授（京大・医）、肝毒性アッセイのための肝細胞については水口裕之教授（阪大・薬）、心臓毒性については横山周史社長（リプロセル）、エントロピーの考え方については長田義仁博士（理研）から直接お教えいただいた。残念だったのは、笹井芳樹博士（理研CDB）から直接話を聞けず、原稿も読んでもらえなかったことである。日程調整ができないうちに、彼は逝ってしまった。

第八章は、京大CiRAの井上治久教授と妻木範行教授に教えていただいた。

第九章は、次の一七名の方から直接教えを受けた。細胞シートについては岡野光夫教授（東京女子医大）、拡張型心筋症の手術に関しては澤芳樹教授（阪大・医）、加齢黄斑変性については高橋政代博士（理研CDB）と鍵本忠尚博士（ヘリオス）、骨髄損傷については岡野栄之教授（慶応大・医）、GVHDについては杉原圭亮部長（JCRファーマ）と小澤敬也教授（東大・医科研）、パーキンソン病については高橋淳教授（京大CiRA）、膵島については宮島篤教授（東大・分生研）と霜田雅之博士（国際医療研究センター）、血小板については江藤浩之教授（京大CiRA）、心筋梗塞については湊口信也教授（岐阜大・医）、松浦勝久講師（東京女子医大）と家田真樹講師（慶応大・医）、脳梗塞については冨永悌二教授（東北大・医）、軟骨細胞については妻木範行教授（前掲）、ブタの体内でヒトの臓器を作る研究については中内啓光教授（東大・医科研、スタンフォード大）から直接教えをいただいた。

第一〇章のうち、イルメンゼーについては、当時その問題に間接的に関わっていた勝木元也博士（前掲）に、裏話も含めて教えていただいた。STAP細胞の項は吉田稔博士（理研）に読んでいただいた。

iPS細胞の論文引用については、Thomson Reuters社の宮田亮氏に調査をお願いした。ノーベル賞受賞者の国籍については、文科省の高橋佑也氏に調べていただいた。文献調査などについては、大場基講師（昭和大学）と赤羽智子博士（慶応大・医）に助けていただいた。

私は前著の中で、簡潔・明快・論理的の「知的三原則」に沿った書き方になっているか、独りよがりの書き方になっていないか、内容に過不足があるかなどについて、最後に第三者に原稿を読んでもらうことの重要性を指摘した。本書では、そのような観点から、次の方々に全原稿を読んでいただき、適切な助言をいただいた。幹細胞全体について詳しい人として山田泰広教授（前掲）、須田年生教授（前掲）、本間美和子准教授（福島医大、JST iPSトレンドサイト）、生命科学以外の分野の立場から宇川彰博士（素粒子物理学、理研・計算科学研究機構副機構長）、ジャーナリストの立場から馬場錬成氏（東京理科大）に読んでいただいた。

このように書き出してみると、本当にたくさんの人のお世話になってできた本であることに、改めて気がついた。重ねて感謝したい。

最後に、本書の編集を担当し、適切なコメントをいただき、Body mass index（BMI）ならぬBook mass indexがかなりの肥満体の本書を許可していただいた中公新書編集部の藤吉亮平氏と佐々木久夫氏に感謝したい。特に佐々木氏は、最初の中公新書『がん遺伝子の発見』（一九九六年）以来一七年にわたり、私の本を担当してくれた。宣伝をかねて、ここで紹介すれば、それらは、『健康・老化・寿命』（二〇〇七年）、『落下傘学長奮闘記』（中公新書ラクレ、二〇〇九年）、『知的文章とプレゼンテーション　日本語の場合、英語の場合』（二〇一一年）である。本書は、私にとって五冊目、七〇歳台に入ってから四冊目の中公新書になる。さらに、六冊目の中公新書として『研究不正』（仮題）の執筆も開始した。本を書くことには、IPS効果（intellectuality promoting stimulus、知的促進刺激）があることを実感した一年であった。

最後に、山中伸弥先生に、改めて感謝の意を表したい。先生には、数度にわたって時間を取っていただき、原稿を読み、その上「序文」を書いていただいた。これからも、先生にはiPS細胞研究とその応用研究の先頭に立っていただかねばならない。今後の研究の進展に期待するものである。

二〇一五年一月一〇日、誕生日に記す。

黒木登志夫

および, Wikipedia に詳しい。
10. Obokata, H. et al., Nature 505, 641, 2014
11. Obokata, H. et al., Nature 505, 676, 2014
12. Obokata, et al., Nature Protocol exchange March 5, 2014 (On-line)
13. Endo, T. A., Genes to cells 19, 821, 2014;『日経サイエンス』2014年12月号
14. 理化学研究所「研究論文に関する調査報告書」2014年12月25日
15. 詫摩雅子ほか『日経サイエンス』2015年 3 月号

7. Schwartz, S. D. et al., The Lancet 379, 713, 2012
8. Assawachananont, J. et al., Stem Cell Reports 2, 662, 2014
9. Le Blanc K. et al., The Lancet 363, 1439, 2004
10. マイケル・J・フォックス『ラッキーマン』（入江真佐子訳）ソフトバンクパブリッシング, 2003
11. Wernig, M. et al., PNAS 105, 5856, 2008
12. Doi, D. et al., Stem Cell Reports 2, 337, 2014
13. Nori, S. et al., PNAS 108, 16825, 2011
14. Saito, H. et al., PLOS ONE 6, e28209, 2011
15. Pagliuca, F. W. et al., Cell 159, 428, 2014; Vogel, G., Science 346, 148, 2014
16. Nakamura, S. et al Cell Stem Cell 14, 535, 2014; Noh, J.-Y. et al., Cell Stem Cell 14, 425, 2014
17. Matsumoto, H. et al., Scientific Reports 4, 6716, 2014
18. Ieda, M. et al., Cell 142, 375, 2010
19. Wada, R. et al., PNAS, 110, 12667, 2013
20. Hanna, J. et al., Science 318, 1920, 2007
21. Li, H. L. et al., Stem Cell Reports 4, 143, 2015
22. Timmann, C. et al., JAMA 303, 2473, 2010
23. Yamashita, A. at el., Stem Cell Reports 4, 404, 2015
24. Kobayashi T. et al., Cell 142, 787, 2010
25. Matsunari, H. et al., PNAS 110, 4557, 2013
26. Rashid, T. et al., Cell Stem Cell 15, 406, 2014

第10章

1. Jiang, Y. et al., Nature 418, 41, 2002
2. Conrad, S. et al., Nature 456, 344, 2008
3. Mahowald, A. P. et al., J. Cell Biol. 70, 358, 1976
4. Hoppe, P. C. et al., PNAS 74, 5657, 1977; Hoppe, P. C. et al., PNAS 79, 1912, 1982
5. Illmensee, K. et al., Cell 23, 9, 1981
6. 『科学朝日』編『科学史の事件簿』朝日選書, 2000 ; Nature 303, 363, 1983; 307, 673, 1984; 308, 394, 1984
7. Hwang, W. S. et al., Science 303, 1669, 2004
8. Hwang, W. S. et al., Science 308, 1777, 2005
9. シンシア・フォックス（Cynthia Fox）『幹細胞WARS』（西川伸一監訳）一灯舎, 2009; 李成柱『国家を騙した科学者』（裵淵弘訳）牧野出版, 2006; Cyranoski, D., Nature 505, 468, 2014,

15. Tanaka, T. et al., Scientific Reports 5, 8344, 2015
16. De Robertis, E. M., Cell 158, 1233, 2014
17. Lancaster, M. A. et al., Nature 501, 373, 2013; Brüstle, O., Nature 501, 319, 2013
18. McCracken, K. W. et al., Nature 516, 400, 2014
19. Taguchi, A. et al., Cell Stem Cell 14, 53, 2014; Gouon-Evans, V., Cell Stem Cell 14, 5, 2014
20. Takebe, T. et al., Nature 499, 481, 2013
21. Hayashi, K., Cell 146, 519, 2011
22. Cyranoski, D., Nature 500, 392, 2013
23. Irie, N. et al., Cell 160, 253, 2015

第8章

1. Park, I.-N. et al., Cell 134, 877, 2008
2. O'Brien, C., Science 273, 28, 1996
3. Graeber, M. B. et al., Neurogenetics 1, 73, 1997
4. Yagi, T. et al., Human Mol. Genetics 20, 4530, 2011
5. Kondo, T. et al., Cell Stem Cell 12,487, 2013
6. Israel, M. A. et al., Nature 482, 216, 2012
7. Shi, Y. et al., Sci. Transl. Med. 4, 124ra29, 2012
8. Woodard, C. M. et al., Cell Reports 9, 1173, 2014
9. Dimos, J. T. et al., Science 321, 1218, 2008
10. Egawa, N. et al., Sci. Transl. Med. 4, 145ra104, 2012
11. Bilican, B. et al., PNAS 109, 5803, 2012
12. Marchetto, M. C. et al., Cell 143, 527, 2010
13. 加賀乙彦『加賀乙彦自伝』集英社, 2013
14. Ripke, S. et al., Nature 511,421, 2014
15. Brennand, K. J. et al., Nature 473, 221, 2011
16. Yamashita, A. et al., Nature 513, 507, 2014; Olsen B. R., Nature 513, 494, 2014

第9章

1. Maekawa, M. et al., Nature 474, 225, 2011
2. Kim, D. et al., Cell Stem Cell 4, 472, 2009
3. Nagase, K. et al., J. R. Soc. Interface 6, s293, 2009
4. Nishida, K. et al., New Eng. J. Med. 351, 1187, 2004
5. Kamao, H. et al., Stem Cell Reports 2, 205, 2014
6. Schwartz, S. D. et al., The Lancet Online 15 October, 2014

455, 604, 2008
2. Vierbuchen, T. et al., Nature 463, 1035, 2010; Nicholas, C. R., Nature 463, 1031, 2010
3. Szabo, E. et al., Nature, 468, 521, 2010
4. Outani, H. et al., PLOS ONE 8, e77365, 2013
5. Kuroda, Y. et al., PNAS 107, 8639, 2010
6. Heneidi, S., PLOS ONE 8, e64752, 2013
7. Tachibana, M., Cell 153, 1228, 2013

第6章

1. Bonnet, D. et al., Nature Med. 3, 730, 1997
2. Al-Hajj, M. et al., PNAS 100, 3983, 2003; Dick, J. E., PNAS 100, 3547, 2003
3. Singh, S. K., Nature, 432, 396, 2004
4. Suvà, M.L. et al., Cell 157, 580, 2014; Gronych, J. et al., Cell 157, 525, 2014
5. ジョン・ガンサー『死よ驕るなかれ』岩波新書, 1950
6. Oshima, N. et al., PLOS ONE 9, e101735, 2014
7. Ohnishi, K., Cell 156, 663, 2014

第7章

1. 生命誌ジャーナル 76 号, 2012; 浅島誠『発生のしくみが見えてきた』岩波書店, 1998
2. Sasai, Y. et al., Cell 79, 779, 1994
3. シュレディンガー『生命とは何か』(岡小天, 鎮目恭夫訳)岩波文庫, 2008
4. Sasai, Y., Nature 493, 318, 2013
5. 笹井芳樹『実験医学』31, 2116, 2013
6. Wataya, T. et al., PNAS 105, 11796, 2008
7. Eiraku, M. et al., Cell Stem Cell 3, 519, 2008
8. Suga, H. et al., Nature 480, 57, 2011; Rizzoti, K., Nature 480, 45, 2011
9. Eiraku, M. et al., Nature 472, 51, 2011
10. Nakano, T. et al., Cell Stem Cell 10, 771, 2012
11. Cyranoski, D., Nature 488, 444, 2012
12. Kamiya, D. et al., Nature 470, 503, 2011
13. Muguruma, K. et al., Cell Reports 10, 537, 2015
14. Ali, R. R. et al., Nature 472, 42, 2011

2. 西川伸一監修・監訳『山中iPS細胞・ノーベル賞受賞論文を読もう』一灯舎, 2012
3. Nakatake Y. et al., MCB 26, 7772, 2006
4. 西川伸一『朝日新聞』2005年12月29日
5. Takahashi, K. et al., Cell 126, 663, 2006
6. Takahashi, K. et al., Cell 131, 1, 2007
7. Yu, J. et al., Science 318, 1917, 2007
8. Park, I.-H. et al., Nature 451, 141, 2008
9. Hanna, J. et al., Cell 133, 250, 2008
10. Sareen, D., Nature Biotechnol. 28, 333, 2010
11. EMBO reports 11, 490, 2010
12. Rais, Y., Nature 502, 65, 2013
13. Buganim, Y., Cell Stem Cell 15, 295, 2014
14. Wakao, S. et al., PNAS 108, 9875, 2011
15. Guo, S., Cell 156, 649, 2014; Chenoweth, J. G., Cell 156, 631, 2014
16. Yamanaka, S., Nature 460, 49, 2009
17. Okita, K. et al., Nature 448, 313, 2007
18. Zhao, X.-Y. et al., Nature Protocol. 5, 963, 2010
19. 林幸秀『科学技術大国 中国』中公新書, 2013
20. Bock, C. et al., Cell 144, 439, 2011
21. Yamanaka, S., Cell Stem Cell 10, 678, 2012
22. Campbell, C. D., Trends in Genetics 29, 575, 2013
23. Nichols, J. et al., Cell Stem Cell 4, 487, 2009; Hanna, J. H., Cell 143, 508, 2010
24. Gafni, O. et al., Nature 504, 282, 2013
25. Takashima, Y. et al., Cell 158, 1254, 2014
26. Theunissen, T. W. et al., Cell Stem Cell 15, 471, 2014
27. Wu, J. et al., Nature 516, 172, 2014; Tonge, P. D. et al., Nature 516, 192, 2014; Hussein, S. M. I. et al., Nature 516, 198, 2014

第4章

1. Messerli, F. H., New Eng. J. Med. 367, 1562, 2012
2. Golomb, B. A., Nature 499, 409, 2013

第5章

1. Zhou, Q. et al., Nature 455, 627, 2008; Blelloch, R., Nature

参考資料

本文中に引用番号記載

論文は，ファースト・オーサー，雑誌名，巻，ページ，年の順で記載

iPS細胞を理解するための基本のキ

1. 仲野徹『エピジェネティクス』岩波新書, 2014

第1章

本章の記述は多くの成書を参考にした．特に，理研CDBによる『これは何？から始まる発生学』2010から多くを学んだ．

第2章

1. Yamanaka, S., Cell Stem Cell 10, 678, 2012
2. Gurdon, J. B., J. Embryol. Exp. Morphol. 10, 622, 1962
3. Campbell, K. H. S. et al., Nature 380, 64, 1996 ; Wilmut, I., Nature, 385, 810, 1997
4. Ashworth, D. et al., Nature 394, 329, 1998
5. McGrath, J., Science 226, 1317, 1984
6. Wakayama, T. et al., Nature 394, 369, 1998
7. Tada, M. et al., Current Biol. 11, 1553, 2001
8. Stevens, L. C. et al., PNAS 40, 1080, 1954
9. Evans, M. J., Nature 292, 154, 1981
10. Martin, G. R., PNAS 78, 7634, 1981
11. Shamboltt, M. J. et al., PNAS 95, 13726, 1998
12. Thomson, J. A. et al., Science 282, 1145, 1998
13. Taylor, S. M. et al., Cell 17, 771, 1979
14. Davis, L. R., Cell 51, 987, 1987
15. Caplan, A. I., J. Orthopaed. Res. 9, 641, 1991
16. Pittenger, M. F., Science 284, 143, 1999
17. Shen, H., Nature 499, 389, 2013

第3章

1. 第3章は，メディア（NHK，毎日，朝日，日経）による取材本（多くは新聞連載，放送のまとめ），ジャーナリスト（緑慎也），科学者（畑中正一）による聞きとり記録を参考にした．さらに，山中本人から直接取材した．原稿は，最終的に山中の目を通している．

質が同定され，今は身分の確かな物質のみによって，再生医療用の細胞は培養されている．

5　細胞にDNAを取り込ませるための方法

細胞は，自らを守るために，遺伝子＝DNAを細胞内に取り込まないようにできている．もし，簡単に取り込むようでは，たとえばカレーライスを食べると，肉，ジャガイモ，米などのDNAを胃の細胞が食べてしまうことになる．体の中では，常に細胞が死んでは新しい細胞と入れ替わっている．死んだ細胞のDNAを隣の細胞が食べたりしたら，突然変異が起きたり，がんになったりしても不思議ではない．DNAを取り込まないのは，細胞の重要な防御メカニズムの一つである．

そのような細胞にDNAを入れるにはどうしたらよいか．そのために，電気をかけて細胞膜に穴を開ける，プラスミドという細菌のDNAを使う，ウイルスを用いるなど，いくつもの方法が考え出されている．そのなかでも，ウイルスが広く用いられている．ウイルスがもっているのは遺伝情報だけ．それを細胞に注入して，細胞のタンパク合成工場を借りて，自分に必要なタンパクを作る．このため，ウイルスのDNAに取り込ませたいDNAを組み込んでおけば，細胞に遺伝子を取り込ませることができる．つまり，ウイルスを「運び屋」（ベクターという）として使うのである．レトロウイルスベクターは，最も効率のよい運び屋であるが，細胞のゲノムに潜り込む場所によっては，がんを作りかねない，という問題がある．

殖細胞系では，遺伝子変異の倫理的意味が違うことを理解してもらうのに苦労した記憶がある．

細胞の分類のなかで，最も重要かつ本質的な分類は，体細胞と生殖細胞の二つの系列に分けることである．体細胞（somatic cell）は，体を構成する細胞である．個体にとっては最も重要な細胞であるが，個体の死とともに消滅する．それに対して，生殖細胞（germ cell）は，精子あるいは卵子に分化し，次の世代を作る役割をもつ．

体細胞は，父親と母親に由来するそれぞれのゲノムのペアからできている．このペアを「２倍体（diploid）」と呼び，「２N」と書く．もし，卵子も精子も２Nのままであると，受精卵は，２N＋２N＝４Nとなってしまうので，その前に，２Nを半分のN（１倍体〔monoploid〕）にしておかねばならない．このプロセスを「減数分裂」と呼んでいる．半分になっているので，受精してもゲノムの数は増えない．N同士の受精によりN＋N＝２Nの受精卵となり，次の世代に受け継がれていく．

４　細胞を培養する

わが国の細胞培養のパイオニアの一人である私にとっても，幹細胞は，最も魅力のある培養細胞である．体のすべての細胞に変わりうる幹細胞を培養し，その上，そのような細胞を人工的に作ることが可能になったのだ．

細胞は，栄養をたっぷり含んだ培地につかり，37度の温度で，大事に大事に育てられている．普通に使う培地は，ウシの血清を10%含んでいる．ＥＳ細胞のような特殊な細胞を培養するときには，放射線などによって増殖できないが代謝はできる細胞（「フィーダーレイヤー」という）と一緒に培養したりする．しかし，このような身元不確かな成分を使っていたのでは，とても再生医療には使えない．増殖因子やサイトカイン（cytokine，細胞が放出する細胞間情報伝達物質）のような細胞の増殖分化を制御する生物活性物

メカニズムは，ＤＮＡ上の塩基のうち，Ｃ－Ｇという配列のところで，Ｃ（シトシン）にメチル基（$-CH_3$）がくっつく「メチル化」という化学反応である．メチル基というごく簡単な分子がくっつくだけで，遺伝子の機能は抑えられてしまうのだ．２本鎖のＤＮＡ上で，Ｃ－Ｇの向かい側はＧ－Ｃである．対側のＣにも，メチル化が起こることにより，２本鎖が，細胞分裂によって別れても，両方の細胞にメチル化が受け継がれることになる．このようなクロマチン構造，メチル化によって，塩基配列の構造変化なしに，遺伝子の発現は大きく変わってくる．

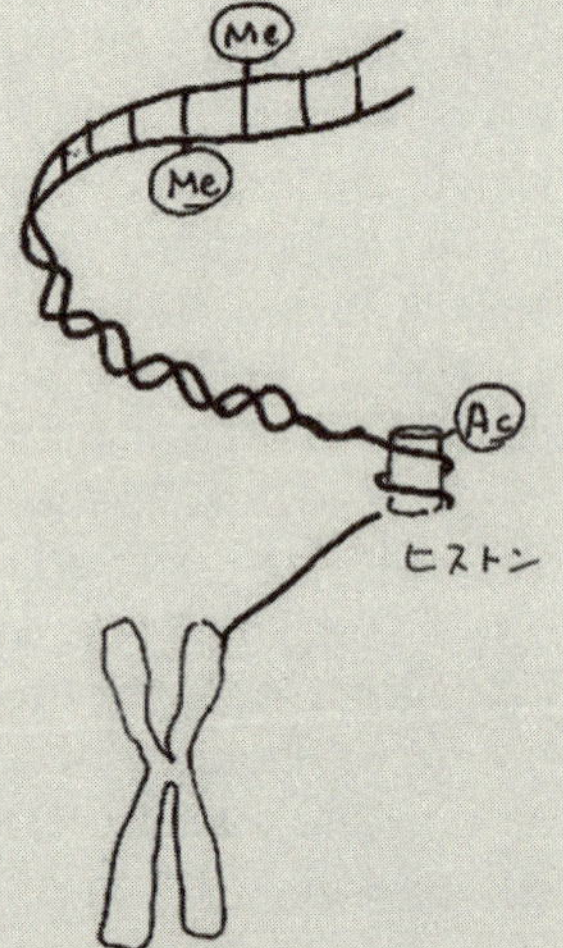

図　DNAの高次構造。遺伝子の発現はシトシン塩基のメチル化（Me）、ヒストンのアセチル化（Ac）などによって、調節されている。ES/iPS細胞の初期化は、遺伝子構造を伴わないエピジェネティクスによる

遺伝子は，タンパクをコードする配列（遺伝子）の上流に，「転写因子」と呼ばれるタンパクが結合すると，その遺伝子が発現し，ＤＮＡからＲＮＡへの「転写」が進行する．後述する「山中因子」の４遺伝子はすべて転写因子である．この事実も，エピジェネティクスが，細胞の分化そしてその逆を行くｉＰＳ細胞の誕生のカギを握っていることを示している．

3　体細胞と生殖細胞

私は，ゲノム倫理を審議する文科省委員会の主査を務めたことがある（2000年）．そのとき，６人の法律関係の委員に，体細胞系と生

多様な抗原に対応して遺伝子構造を再編成する．この遺伝子再編成は，1個1個の細胞に特徴的であるため，幹細胞研究においては，細胞の起源を同定するための目印として使われる．利根川進は，抗体遺伝子構造の再編成の発見により，1987年，ノーベル医学賞を受賞した．病気としての例外はがんである．がんの遺伝子変異については，中公新書『がん遺伝子の発見』に詳しく書いた．

DNAの構造でないとしたら，何が変わることによって発生が進行するのか．それは，エピジェネティクスといわれるメカニズムである（「基本のキ」2）．

2　エピジェネティクス，メチル化，転写因子

遺伝情報の構造変化を伴わずに，遺伝子の機能が変わり，次の細胞世代に受け継がれることをエピジェネティクス（epigenetics)」と呼んでいる．「ジェネティクスを超えた」といった意味である．(1)
エピジェネティクスは，生命現象の至る所に顔を出す．女王蜂が君臨するのも，三毛猫が生まれるのも，メタボになるときにも，エピジェネティクスが関わっている．そして，ES／iPS細胞もまた，エピジェネティクスの申し子なのだ．
DNAは，ATGCという4種の塩基が並んだ「ひも」である．ペアを作るゲノムの1本の長さは1メートルに及ぶ．直径10ミクロン（1/100ミリ）の核の中にそれが2本入っていることになる．この数を1000倍にするとそのすごさがよく分かる．1キロのひもが2本，直径1センチのボールの中に入っているのだ．なぜこんがらからないのだろうか．実は，こんがらからないように，いくつもの工夫がされている．ひもを巻き付けるためのタンパク（ヒストン）が存在し，クロマチンという3次元構造を作り，さらに染色体のなかに分割して納められている（図）．遺伝子の発現を変えるエピジェネティクスのメカニズムには，大きく二つある．一つは，ヒストンのアセチル化のようなゲノムの高次構造の変化である．もう一つの

ｉＰＳ細胞を理解するための基本のキ

1　ＤＮＡ，ゲノム，遺伝子

21世紀になってからの生物学のもっとも大きな進歩は，様々な生物のゲノムが解明されたことである．全ＤＮＡ配列であるゲノムが明らかになったことにより，生命をその設計図から理解できるようになった．同時に，生命の複雑さが改めて浮かび上がってきた．

少なくとも10万以上はあると思われていたヒトの遺伝子が，実は２万3000個くらいしかないことが分かった．その数は，ハエや線虫などとほとんど変わりがない．遺伝子，つまりタンパクに必要な情報を含んでいるＤＮＡ配列は，ゲノム上の２％くらいしか占めていない．宇宙・天文学の言葉を借りて言えば，ＤＮＡの「ダーク・マター（dark matter）」とも言うべき残りの98％の配列の役割は，この10年くらいの間にようやく明らかになってきた．「ダーク・ゲノム（dark genome）」もまた，遺伝子の発現にとって重要な役割を果たしているのだ．

１個の受精卵が体を構成する細胞に分化していく複雑なプロセスの間，二つの例外を除いて，基本的にゲノムの構造は変わることがない（図）．正常な細胞の例外は免疫細胞である．免疫を担うリンパ球（Ｂ細胞，Ｔ細胞）は，

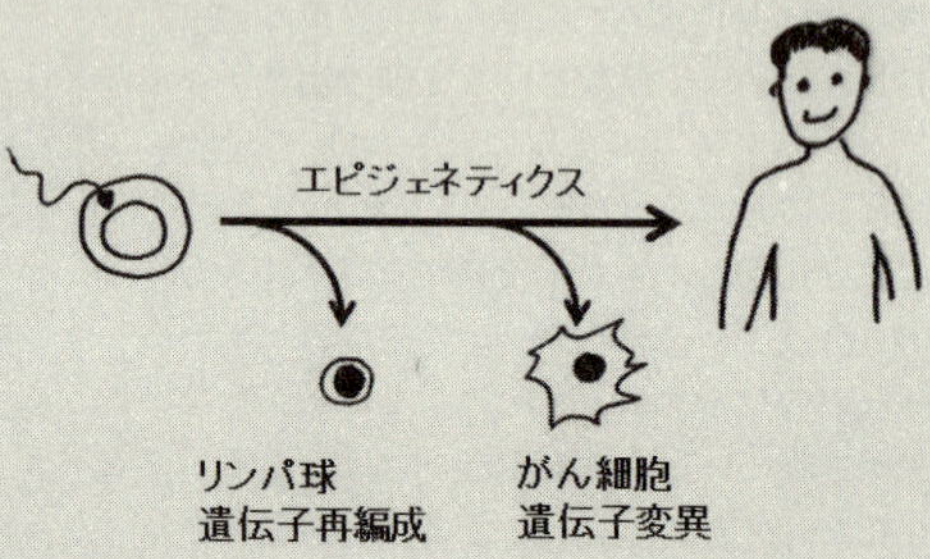

図　受精から個体の死までの間、ゲノム構造が変わるのは、リンパ球の遺伝子構造の再編成と、がん細胞の遺伝子変異だけである

黒木登志夫（くろき・としお）

1936年，東京生まれ．東北大学医学部卒業．専門：がん細胞，発がん．東北大学（現）加齢医学研究所助手，助教授（1961-71），東京大学医科学研究所助教授，教授（1971-96）．この間，ウィスコンシン大学留学（1969-71），WHO国際がん研究機関（フランス，リヨン市）勤務（1973，1975-78）．昭和大学教授（1997-2001）．岐阜大学学長（2001-08）．日本癌学会会長（2000）．2008年より，日本学術振興会学術システム研究センター副所長．東京大学名誉教授，岐阜大学名誉教授．

著書『がん細胞の誕生』朝日選書，1983
『科学者のための英文手紙の書き方』（共著）朝倉書店，1984
『がん遺伝子の発見』中公新書，1996
『健康・老化・寿命』中公新書，2007
『落下傘学長奮闘記』中公新書ラクレ，2009
『知的文章とプレゼンテーション』中公新書，2011
ほか．

iPS細胞《さいぼう》
中公新書 *2314*

2015年4月25日発行

著　者　黒木登志夫
発行者　大橋善光

本文印刷　暁印刷
カバー印刷　大熊整美堂
製　　本　小泉製本

発行所　中央公論新社
〒104-8320
東京都中央区京橋 2-8-7
電話　販売 03-3563-1431
　　　編集 03-3563-3668
URL http://www.chuko.co.jp/

Published by CHUOKORON-SHINSHA, INC.
Printed in Japan　ISBN978-4-12-102314-8 C1247

中公新書刊行のことば

いまからちょうど五世紀まえ、グーテンベルクが近代印刷術を発明したとき、書物の大量生産は潜在的可能性を獲得し、いまからちょうど一世紀まえ、世界のおもな文明国で義務教育制度が採用されたとき、書物の大量需要の潜在性が形成された。この二つの潜在性がはげしく現実化したのが現代である。

いまや、書物によって視野を拡大し、変りゆく世界に豊かに対応しようとする強い要求を私たちは抑えることができない。この要求にこたえる義務を、今日の書物は背負っている。だが、その義務は、たんに専門的知識の通俗化をはかることによって果たされるものでもなく、通俗的好奇心にうったえて、いたずらに発行部数の巨大さを誇ることによって果たされるものでもない。現代を真摯に生きようとする読者に、真に知るに価いする知識だけを選びだして提供すること、これが中公新書の最大の目標である。

私たちは、知識として錯覚しているものによってしばしば動かされ、裏切られる。私たちは、作為によってあたえられた知識のうえに生きることがあまりに多く、ゆるぎない事実を通して思索することがあまりにすくない。中公新書が、その一貫した特色として自らに課すものは、この事実のみの持つ無条件の説得力を発揮させることである。現代にあらたな意味を投げかけるべく待機している過去の歴史的事実もまた、中公新書によって数多く発掘されるであろう。

中公新書は、現代を自らの眼で見つめようとする、逞しい知的な読者の活力となることを欲している。

一九六二年一一月

中公新書

科学・技術

p1

- 1843 科学者という仕事　酒井邦嘉
- 1912 数学する精神　加藤文元
- 2007 物語 数学の歴史　加藤文元
- 2085 ガロア　加藤文元
- 2147 寺田寅彦　小山慶太
- 1690 科学史年表（増補版）　小山慶太
- 2204 科学史人物事典　小山慶太
- 2280 入門 現代物理学　小山慶太
- 2271 NASA―宇宙開発の60年　佐藤靖
- 2130 天文学をつくった巨人たち　桜井邦朋
- 1856 カラー版 宇宙を読む　谷口義明
- 2089 カラー版 小惑星探査機はやぶさ　川口淳一郎
- 1566 月をめざした二人の科学者　的川泰宣
- 2239 ガリレオ―望遠鏡が発見した宇宙　伊藤和行
- 1948 電車の運転　宇田賢吉
- 2225 科学技術大国 中国　林幸秀
- 2178 重金属のはなし　渡邉泉

医学・医療